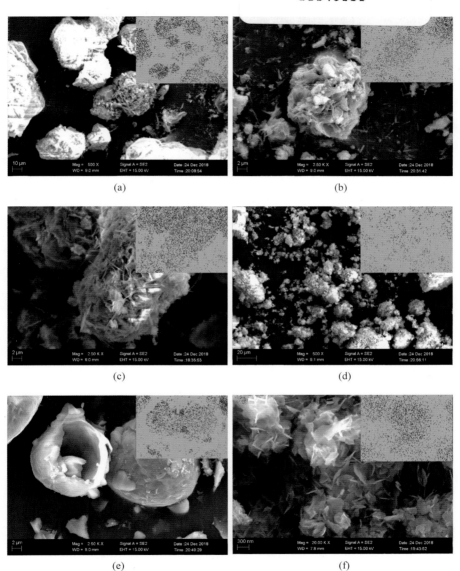

图 3.2　Al₂O₃、MG30、MG63、MG70 和 MgO 在浸渍 K₂CO₃ 之前和
之后的 SEM 和 EDS 结果

（a）K_{20}-Al_2O_3；（b）K_{20}-MG30；（c）K_{40}-MG30；（d）K_{20}-MG63；（e）K_{20}-MG70；
（f）K_{20}-MgO 的 SEM 形貌和 K 元素分布

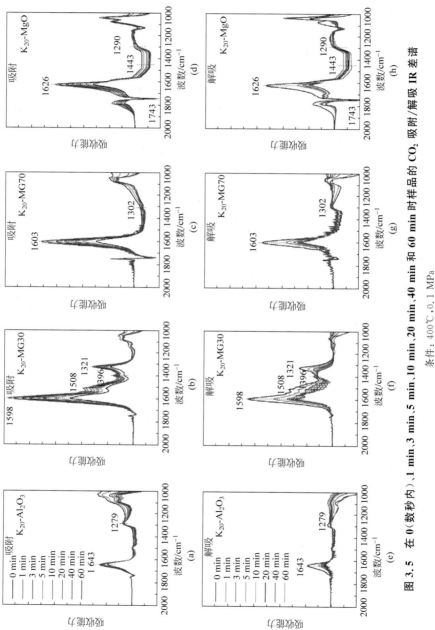

图 3.5　在 0（数秒内）、1 min、3 min、5 min、10 min、20 min、40 min 和 60 min 时样品的 CO₂ 吸附/解吸 IR 差谱

条件：400℃，0.1 MPa

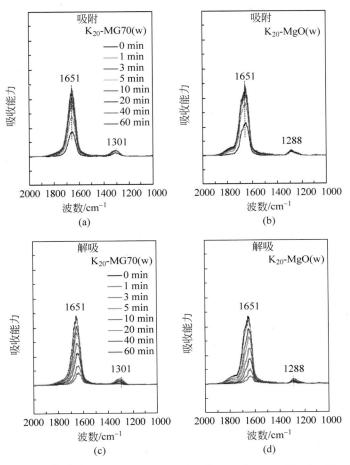

图 3.7 在 0（数秒内）、1 min、3 min、5 min、10 min、20 min、40 min、60 min 时水洗后样品的 CO₂ 吸附/解吸 IR 差谱

条件：400℃，0.1 MPa

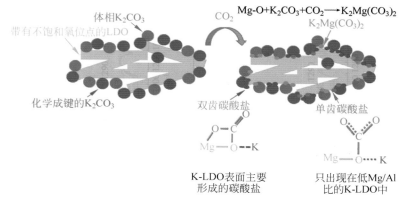

图 3.9 K-LDO 可能的 CO₂ 吸附路径

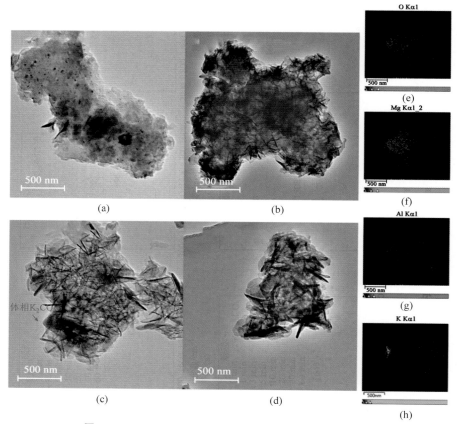

图 3.14 K-LDH 和 K-LDO（Mg/Al 值为 3）的 TEM 结果

（a）K-Mg₃Al-CO₃-w；（b）K-Mg₃Al-CO₃-w(c)；（c）K-Mg₃Al-CO₃-a；
（d）K-Mg₃Al-CO₃-a(c)；（e）O 元素分析；（f）Mg 元素分析；（g）Al 元素分析；（h）K 元素分析

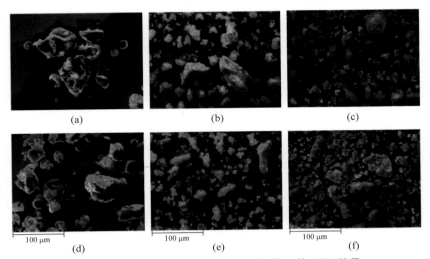

（a）　　　　　　　　　　（b）　　　　　　　　　　（c）

（d）　　　　　　　　　　（e）　　　　　　　　　　（f）

图 3.15　K-LDH 和 K-LDO（Mg/Al 值为 3）的 SEM 结果

（a）K-Mg₃Al-CO₃-Sasol；（b）K-Mg₃Al-CO₃-w；（c）K-Mg₃Al-CO₃-a；
（d）K-Mg₃Al-CO₃-Sasol(c)；（e）K-Mg₃Al-CO₃-w(c)；（f）K-Mg₃Al-CO₃-a(c)

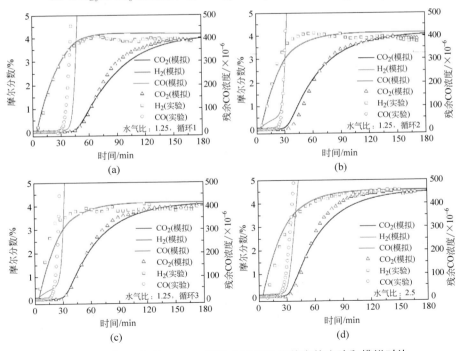

图 4.20　在 400℃和 2 MPa 下复合系统净化效率的实验和模拟对比

原料气干基流量：200 mL/min，原料气 CO 浓度为 5%，平衡气为 He 或 H₂，水气比为 1.25～5

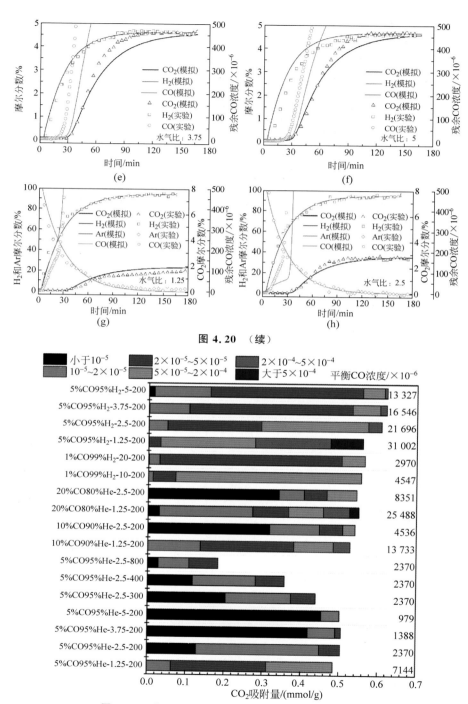

图 4.20 （续）

图 4.22　总 CO_2 吸附量和有效 CO_2 吸附量的预测

每个工况的命名方法是原料气浓度-水气比-原料气流量

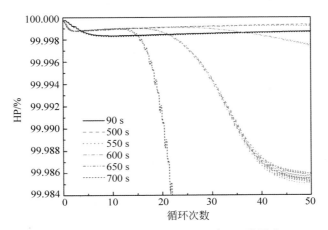

图 5.6　吸附时间对 ET-PSA 系统 HP 的影响

$t_1 = t_3 = t_4 = 90$ s，$t_2 = 500 \sim 700$ s

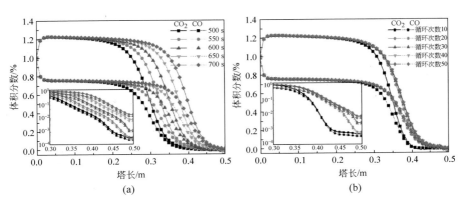

图 5.7　不同吸附时间（$t_1 = t_3 = t_4 = 90$ s，$t_2 = 500 \sim 700$ s，循环次数：50）（a）和不同循环次数（$t_1 = t_3 = t_4 = 90$ s，$t_2 = 650$ s，循环次数 50）（b）下 50 个循环后 CO 和 CO_2 沿着塔轴向方向的 CO 和 CO_2 浓度分布

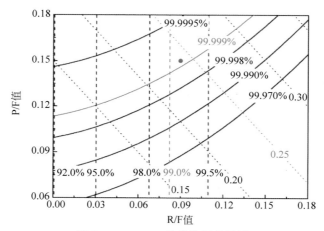

图 5.9　ET-PSA 的优化运行区域

$t_1 = t_4 = 90$ s, $t_2 = 700$ s, $t_3 = 0 \sim 90$ s, 循环次数为 50; 实线代表 HP, 虚线代表 HRR, 点画线代表总蒸汽耗量

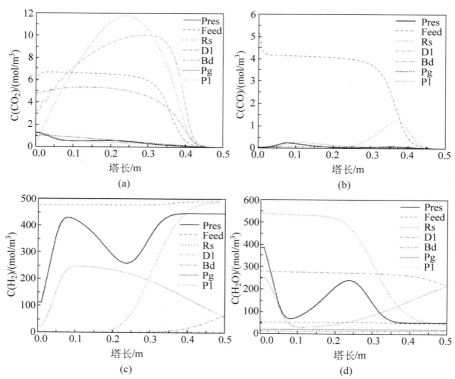

图 5.11　优化工况下每步结束时气体沿塔轴向的稳态分布

$t_1 = t_4 = 90$ s, $t_2 = 700$ s, $t_3 = 63$ s, 循环次数为 1000, R/F 值为 0.09, P/F 值为 0.15

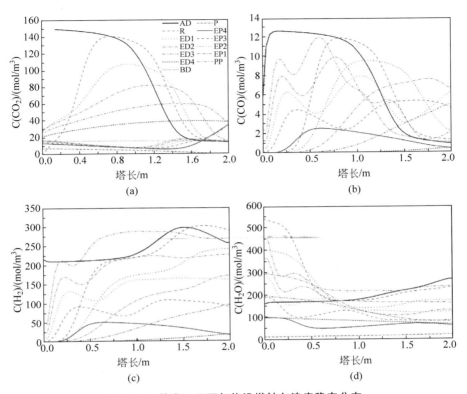

图 5.16 基准工况下气体沿塔轴向浓度稳态分布

原料气流量为 400 h^{-1}；冲洗流量为 200 h^{-1}；清洗流量为 30 h^{-1}

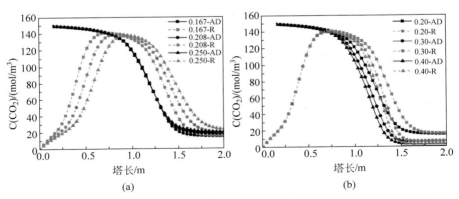

图 5.17 R/F 值（a）和 P/F 值（b）对吸附和冲洗结束时 CO$_2$ 浓度分布的影响

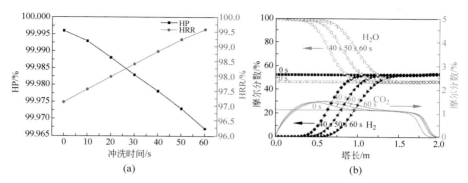

图 5.20　冲洗时间对 HP 和 HRR(a)和冲洗步骤结束后气体沿塔轴向浓度分布（b）的影响

吸附时间为 2400 s；冲洗时间为 0～60 s；P/F 值为 0.05

图 A.2　Al₂O₃、MG30、MG63、MG70 和 MgO 的 SEM 形貌与 K 元素分布

（a）Al₂O₃；（b）MG30；（c）MG63；（d）MG70；（e）MgO

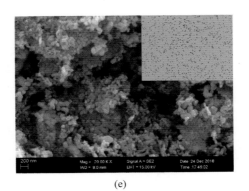

(e)

图 A. 2 （续）

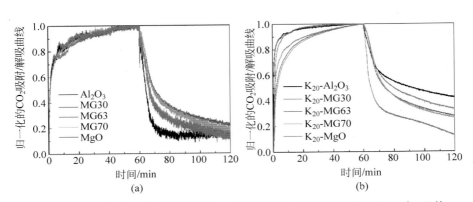

(a)

(b)

图 A. 4 未浸渍的(a)和质量分数为 20％的 K₂CO₃ 浸渍的(b)样品在 400℃ 下的
归一化 CO₂ 吸附/解吸曲线

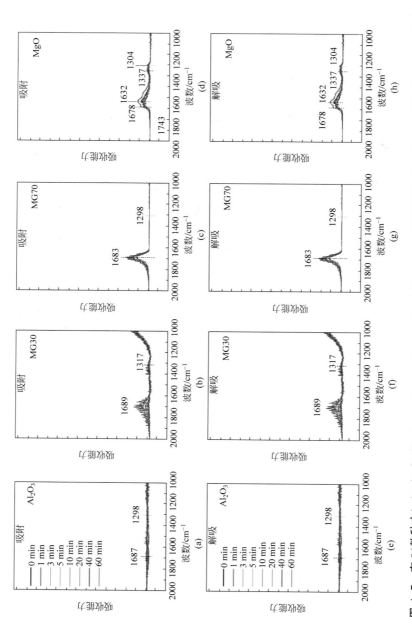

图 A.7 在 0(数秒内)、1 min、3 min、5 min、10 min、20 min、40 min 和 60 min 时未浸渍的样品的 CO_2 吸附/解吸 IR 差谱

条件：$400℃$、0.1 MPa

清华大学优秀博士学位论文丛书

钾修饰镁铝水滑石富氢气体中温CO/CO$_2$净化研究

朱炫灿（Zhu Xuancan）著

Investigation on Elevated Temperature CO/CO$_2$
Purification of Potassium Promoted Mg-Al
Layered Double Oxides from H$_2$-rich Gas

清华大学出版社
北 京

内 容 简 介

本书提出了一种基于静态床的真实高压吸附动力学测试方法,探讨了钾修饰镁铝水滑石在 300~450℃,0.1~2.0 MPa 下的吸附动力学现象;使用原位表征手段揭示了钾修饰镁铝水滑石的中温 CO_2 吸附机理;搭建了综合考虑 CO_2 吸附和 WGS 催化动力学、吸附塔的传质、动量传递和动态边界条件的复合系统模型;为了实现连续的制氢过程,搭建了两段式中温变压吸附(ET-PSA)系统,实现了 H_2 回收率和 H_2 纯度的双高;将ET-PSA 系统应用于整体煤气化燃料电池系统,估算得到净化能耗为 1.11~1.13 MJ/kg。本书从吸附剂、反应器、系统和能效分析等多尺度完整描述了中温变压吸附技术在含碳燃料的高纯氢制取方面的应用。

本书可供高校动力工程及工程热物理等专业的本科生、研究生以及相关领域的科研与教学工作者阅读参考。

图书在版编目(CIP)数据

钾修饰镁铝水滑石富氢气体中温 CO/CO_2 净化研究/朱炫灿著. —北京:清华大学出版社,2021.4
(清华大学优秀博士学位论文丛书)
ISBN 978-7-302-57509-2

Ⅰ.①钾… Ⅱ.①朱… Ⅲ.①一氧化碳－气体净化－吸附动力学－研究②二氧化碳－气体净化－吸附动力学－研究 Ⅳ.①X51

中国版本图书馆 CIP 数据核字(2021)第 030716 号

责任编辑:王 倩
封面设计:傅瑞学
责任校对:赵丽敏
责任印制:沈 露

出版发行:清华大学出版社
　　　　　网　　址:http://www.tup.com.cn,http://www.wqbook.com
　　　　　地　　址:北京清华大学学研大厦 A 座　　邮　　编:100084
　　　　　社 总 机:010-62770175　　　　　邮　　购:010-62786544
　　　　　投稿与读者服务:010-62776969,c-service@tup.tsinghua.edu.cn
　　　　　质量反馈:010-62772015,zhiliang@tup.tsinghua.edu.cn
印 刷 者:三河市铭诚印务有限公司
装 订 者:三河市启晨纸制品加工有限公司
经　　销:全国新华书店
开　　本:155mm×235mm　　印　张:13.5　　插　页:6　　字　　数:239 千字
版　　次:2021 年 6 月第 1 版　　　　　印　　次:2021 年 6 月第 1 次印刷
定　　价:99.00 元

产品编号:088916-01

一流博士生教育
体现一流大学人才培养的高度（代丛书序）①

人才培养是大学的根本任务。只有培养出一流人才的高校，才能够成为世界一流大学。本科教育是培养一流人才最重要的基础，是一流大学的底色，体现了学校的传统和特色。博士生教育是学历教育的最高层次，体现出一所大学人才培养的高度，代表着一个国家的人才培养水平。清华大学正在全面推进综合改革，深化教育教学改革，探索建立完善的博士生选拔培养机制，不断提升博士生培养质量。

学术精神的培养是博士生教育的根本

学术精神是大学精神的重要组成部分，是学者与学术群体在学术活动中坚守的价值准则。大学对学术精神的追求，反映了一所大学对学术的重视、对真理的热爱和对功利性目标的摒弃。博士生教育要培养有志于追求学术的人，其根本在于学术精神的培养。

无论古今中外，博士这一称号都和学问、学术紧密联系在一起，和知识探索密切相关。我国的博士一词起源于 2000 多年前的战国时期，是一种学官名。博士任职者负责保管文献档案、编撰著述，须知识渊博并负有传授学问的职责。东汉学者应劭在《汉官仪》中写道："博者，通博古今；士者，辩于然否。"后来，人们逐渐把精通某种职业的专门人才称为博士。博士作为一种学位，最早产生于 12 世纪，最初它是加入教师行会的一种资格证书。19 世纪初，德国柏林大学成立，其哲学院取代了以往神学院在大学中的地位，在大学发展的历史上首次产生了由哲学院授予的哲学博士学位，并赋予了哲学博士深层次的教育内涵，即推崇学术自由、创造新知识。哲学博士的设立标志着现代博士生教育的开端，博士则被定义为独立从事学术研究、具备创造新知识能力的人，是学术精神的传承者和光大者。

---

①　本文首发于《光明日报》，2017 年 12 月 5 日。

博士生学习期间是培养学术精神最重要的阶段。博士生需要接受严谨的学术训练，开展深入的学术研究，并通过发表学术论文、参与学术活动及博士论文答辩等环节，证明自身的学术能力。更重要的是，博士生要培养学术志趣，把对学术的热爱融入生命之中，把捍卫真理作为毕生的追求。博士生更要学会如何面对干扰和诱惑，远离功利，保持安静、从容的心态。学术精神，特别是其中所蕴含的科学理性精神、学术奉献精神，不仅对博士生未来的学术事业至关重要，对博士生一生的发展都大有裨益。

独创性和批判性思维是博士生最重要的素质

博士生需要具备很多素质，包括逻辑推理、言语表达、沟通协作等，但是最重要的素质是独创性和批判性思维。

学术重视传承，但更看重突破和创新。博士生作为学术事业的后备力量，要立志于追求独创性。独创意味着独立和创造，没有独立精神，往往很难产生创造性的成果。1929 年 6 月 3 日，在清华大学国学院导师王国维逝世二周年之际，国学院师生为纪念这位杰出的学者，募款修造"海宁王静安先生纪念碑"，同为国学院导师的陈寅恪先生撰写了碑铭，其中写道："先生之著述，或有时而不章；先生之学说，或有时而可商；惟此独立之精神，自由之思想，历千万祀，与天壤而同久，共三光而永光。"这是对于一位学者的极高评价。中国著名的史学家、文学家司马迁所讲的"究天人之际，通古今之变，成一家之言"也是强调要在古今贯通中形成自己独立的见解，并努力达到新的高度。博士生应该以"独立之精神、自由之思想"来要求自己，不断创造新的学术成果。

诺贝尔物理学奖获得者杨振宁先生曾在 20 世纪 80 年代初对到访纽约州立大学石溪分校的 90 多名中国学生、学者提出："独创性是科学工作者最重要的素质。"杨先生主张做研究的人一定要有独创的精神、独到的见解和独立研究的能力。在科技如此发达的今天，学术上的独创性变得越来越难，也愈加珍贵和重要。博士生要树立敢为天下先的志向，在独创性上下功夫，勇于挑战最前沿的科学问题。

批判性思维是一种遵循逻辑规则、不断质疑和反省的思维方式，具有批判性思维的人勇于挑战自己，敢于挑战权威。批判性思维的缺乏往往被认为是中国学生特有的弱项，也是我们在博士生培养方面存在的一个普遍问题。2001 年，美国卡内基基金会开展了一项"卡内基博士生教育创新计划"，针对博士生教育进行调研，并发布了研究报告。该报告指出：在美国和欧洲,培养学生保持批判而质疑的眼光看待自己、同行和导师的观点同样非常不容易,批判性思维的培养必须成为博士生培养项目的组成部分。

对于博士生而言,批判性思维的养成要从如何面对权威开始。为了鼓励学生质疑学术权威、挑战现有学术范式,培养学生的挑战精神和创新能力,清华大学在2013年发起"巅峰对话",由学生自主邀请各学科领域具有国际影响力的学术大师与清华学生同台对话。该活动迄今已经举办了21期,先后邀请17位诺贝尔奖、3位图灵奖、1位菲尔兹奖获得者参与对话。诺贝尔化学奖得主巴里·夏普莱斯(Barry Sharpless)在2013年11月来清华参加"巅峰对话"时,对于清华学生的质疑精神印象深刻。他在接受媒体采访时谈道:"清华的学生无所畏惧,请原谅我的措辞,但他们真的很有胆量。"这是我听到的对清华学生的最高评价,博士生就应该具备这样的勇气和能力。培养批判性思维更难的一层是要有勇气不断否定自己,有一种不断超越自己的精神。爱因斯坦说:"在真理的认识方面,任何以权威自居的人,必将在上帝的嬉笑中垮台。"这句名言应该成为每一位从事学术研究的博士生的箴言。

提高博士生培养质量有赖于构建全方位的博士生教育体系

一流的博士生教育要有一流的教育理念,需要构建全方位的教育体系,把教育理念落实到博士生培养的各个环节中。

在博士生选拔方面,不能简单按考分录取,而是要侧重评价学术志趣和创新潜力。知识结构固然重要,但学术志趣和创新潜力更关键,考分不能完全反映学生的学术潜质。清华大学在经过多年试点探索的基础上,于2016年开始全面实行博士生招生"申请-审核"制,从原来的按照考试分数招收博士生,转变为按科研创新能力、专业学术潜质招收,并给予院系、学科、导师更大的自主权。《清华大学"申请-审核"制实施办法》明晰了导师和院系在考核、遴选和推荐上的权力和职责,同时确定了规范的流程及监管要求。

在博士生指导教师资格确认方面,不能论资排辈,要更看重教师的学术活力及研究工作的前沿性。博士生教育质量的提升关键在于教师,要让更多、更优秀的教师参与到博士生教育中来。清华大学从2009年开始探索将博士生导师评定权下放到各学位评定分委员会,允许评聘一部分优秀副教授担任博士生导师。近年来,学校在推进教师人事制度改革过程中,明确教研系列助理教授可以独立指导博士生,让富有创造活力的青年教师指导优秀的青年学生,师生相互促进、共同成长。

在促进博士生交流方面,要努力突破学科领域的界限,注重搭建跨学科的平台。跨学科交流是激发博士生学术创造力的重要途径,博士生要努力提升在交叉学科领域开展科研工作的能力。清华大学于 2014 年创办了"微沙龙"平台,同学们可以通过微信平台随时发布学术话题,寻觅学术伙伴。3 年来,博士生参与和发起"微沙龙"12 000 多场,参与博士生达 38 000 多人次。"微沙龙"促进了不同学科学生之间的思想碰撞,激发了同学们的学术志趣。清华于 2002 年创办了博士生论坛,论坛由同学自己组织,师生共同参与。博士生论坛持续举办了 500 期,开展了 18 000 多场学术报告,切实起到了师生互动、教学相长、学科交融、促进交流的作用。学校积极资助博士生到世界一流大学开展交流与合作研究,超过 60% 的博士生有海外访学经历。清华于 2011 年设立了发展中国家博士生项目,鼓励学生到发展中国家亲身体验和调研,在全球化背景下研究发展中国家的各类问题。

在博士学位评定方面,权力要进一步下放,学术判断应该由各领域的学者来负责。院系二级学术单位应该在评定博士论文水平上拥有更多的权力,也应担负更多的责任。清华大学从 2015 年开始把学位论文的评审职责授权给各学位评定分委员会,学位论文质量和学位评审过程主要由各学位分委员会进行把关,校学位委员会负责学位管理整体工作,负责制度建设和争议事项处理。

全面提高人才培养能力是建设世界一流大学的核心。博士生培养质量的提升是大学办学质量提升的重要标志。我们要高度重视、充分发挥博士生教育的战略性、引领性作用,面向世界、勇于进取,树立自信、保持特色,不断推动一流大学的人才培养迈向新的高度。

清华大学校长

2017 年 12 月 5 日

丛书序二

以学术型人才培养为主的博士生教育，肩负着培养具有国际竞争力的高层次学术创新人才的重任，是国家发展战略的重要组成部分，是清华大学人才培养的重中之重。

作为首批设立研究生院的高校，清华大学自20世纪80年代初开始，立足国家和社会需要，结合校内实际情况，不断推动博士生教育改革。为了提供适宜博士生成长的学术环境，我校一方面不断地营造浓厚的学术氛围，一方面大力推动培养模式创新探索。我校从多年前就已开始运行一系列博士生培养专项基金和特色项目，激励博士生潜心学术、锐意创新，拓宽博士生的国际视野，倡导跨学科研究与交流，不断提升博士生培养质量。

博士生是最具创造力的学术研究新生力量，思维活跃，求真求实。他们在导师的指导下进入本领域研究前沿，吸取本领域最新的研究成果，拓宽人类的认知边界，不断取得创新性成果。这套优秀博士学位论文丛书，不仅是我校博士生研究工作前沿成果的体现，也是我校博士生学术精神传承和光大的体现。

这套丛书的每一篇论文均来自学校新近每年评选的校级优秀博士学位论文。为了鼓励创新，激励优秀的博士生脱颖而出，同时激励导师悉心指导，我校评选校级优秀博士学位论文已有20多年。评选出的优秀博士学位论文代表了我校各学科最优秀的博士学位论文的水平。为了传播优秀的博士学位论文成果，更好地推动学术交流与学科建设，促进博士生未来发展和成长，清华大学研究生院与清华大学出版社合作出版这些优秀的博士学位论文。

感谢清华大学出版社，悉心地为每位作者提供专业、细致的写作和出版指导，使这些博士论文以专著方式呈现在读者面前，促进了这些最新的优秀研究成果的快速广泛传播。相信本套丛书的出版可以为国内外各相关领域或交叉领域的在读研究生和科研人员提供有益的参考，为相关学科领域的发展和优秀科研成果的转化起到积极的推动作用。

感谢丛书作者的导师们。这些优秀的博士学位论文,从选题、研究到成文,离不开导师的精心指导。我校优秀的师生导学传统,成就了一项项优秀的研究成果,成就了一大批青年学者,也成就了清华的学术研究。感谢导师们为每篇论文精心撰写序言,帮助读者更好地理解论文。

感谢丛书的作者们。他们优秀的学术成果,连同鲜活的思想、创新的精神、严谨的学风,都为致力于学术研究的后来者树立了榜样。他们本着精益求精的精神,对论文进行了细致的修改完善,使之在具备科学性、前沿性的同时,更具系统性和可读性。

这套丛书涵盖清华众多学科,从论文的选题能够感受到作者们积极参与国家重大战略、社会发展问题、新兴产业创新等的研究热情,能够感受到作者们的国际视野和人文情怀。相信这些年轻作者们勇于承担学术创新重任的社会责任感能够感染和带动越来越多的博士生,将论文书写在祖国的大地上。

祝愿丛书的作者们、读者们和所有从事学术研究的同行们在未来的道路上坚持梦想,百折不挠! 在服务国家、奉献社会和造福人类的事业中不断创新,做新时代的引领者。

相信每一位读者在阅读这一本本学术著作的时候,在吸取学术创新成果、享受学术之美的同时,能够将其中所蕴含的科学理性精神和学术奉献精神传播和发扬出去。

清华大学研究生院院长

2018 年 1 月 5 日

导师序言

随着全世界不断增长的能源需求和环境压力,使用更加清洁高效的能源系统替代当前以化石燃料燃烧为主要能量来源的能源系统已经迫在眉睫。结合 H_2 作为能量载体和燃料电池作为发电单元的新兴技术有望改进当前的能源系统格局。对于以碳氢燃料作为原料的燃料电池系统,分离 CO/CO_2 的能耗减少了制氢效率并加速了煤的消耗。朱炫灿的博士学位论文针对整体煤气化氢燃料电池能源系统中有关高纯氢的制取,提出了基于水气变换(WGS)催化剂和中温 CO_2 吸附剂耦合的中温变压吸附(ET-PSA)技术,避免了 CO/CO_2 净化过程中原料气的显热损失和热再生能耗,并可以通过蒸汽冲洗和蒸汽清洗的引入实现净化系统的高 H_2 纯度和高 H_2 回收率。

论文主要工作包括:①提出了一种测试真实高压吸附动力学的方法,通过实验研究建立了钾修饰镁铝水滑石 K-MG30 在 $300\sim450℃$,$0.1\sim2.0$ MPa 时的高压非平衡动力学模型;②明确了不同种类钾修饰镁铝水滑石的 CO_2 吸附机理,发现 K-MG30 表面吸附位点的异质性,使用有机溶剂洗涤法(AMOST)使得钾修饰镁铝水滑石稳定吸附量提升22.9%;③搭建了耦合高温 WGS 催化剂和 K-MG30 吸附剂的复合单塔,提出了通过调整操作工况对残余 CO 浓度进行控制的思路;④搭建了一段和两段 ET-PSA 分别用于两类富氢气体(脱碳气和高温变换气)的 CO/CO_2 净化,实现了产品气的高纯度(大于 99.999%)和高回收率(大于 95%);⑤建立了 ET-PSA 和传统净化方式的定量对比标准。具有回流结构的 ET-PSA 系统的净化能耗相比传统的溶剂吸收法降低了 $35.1\%\sim36.2\%$。该研究工作的选题为清洁能源热点领域,作者对国内外发展动向调研充分、把握准确,文献综述较为全面地反映了领域的现状、特点和不足。作者基础知识扎实、创新性强,在传统工程热物理研究基础上,通过向材料和化工领域的拓展,准确揭示了研究对象的微观机理,并在宏观系统的实验和模拟中获得了良好的效果。

　　该博士学位论文的主要创新点如下：①提出了一种用于吸附剂高温、高压吸附/解吸动力学的标定、测量和修正方法，建立了适用于水滑石类中温 CO$_2$ 吸附剂的高压动力学模型。②明确了 K$_2$CO$_3$ 和 Mg/Al 值对于调控钾修饰镁铝水滑石中温 CO$_2$ 吸附特性的机理，使用有机溶剂洗涤法将吸附量提升了 22.9%。③提出了基于中温变压吸附的两段式富氢气体 CO/CO$_2$ 净化工艺。通过引入水蒸气高压冲洗和低压清洗实现了高 H$_2$ 纯度（99.9994%）和高 H$_2$ 回收率（97.51%），获得了气体净化能耗的定量评估方法。以上创新研究成果已在 *Applied Energy*、*International Journal of Hydrogen Energy*、*Energy*，*Chemical Engineering Journal* 等重要学术期刊发表，并以此研究成果在 *Progress in Energy and Combustion Science* 发表了研究综述 Recent advances in elevated-temperature pressure swing adsorption for carbon capture and hydrogen production。

　　值得一提的是，该博士学位论文涉及很多前沿的基础研究设备和系统，作者已经在实验分析测试仪器（静态床吸附动力学测试系统，TGA/DSC，气相色谱仪，拉曼，XRD，FTIR）的使用和分析方面积累得较为深入，并能够熟练掌握模拟分析方法（gPRMOS，Aspen Plus），这证明作者已经具备扎实的科学研究基础和技能。

　　本书选题定位恰当，思路较为新颖，理论与实验能够很好地相互印证，实验结果可信，实验工作量大。论文撰写条理清晰，语言流畅，经评审专家评议认为是一篇优秀的博士学位论文。

蔡宁生　史翊翔
清华大学能源与动力工程系

摘　要

采用水气变换(WGS)和中温 CO_2 吸附耦合的反应分离技术可以通过一步净化从富氢气体中制取高纯氢,减少了净化过程中的气体显热损失和热再生能耗,这对缓解我国碳排放压力、发展氢燃料电池能源系统和降低煤化工制氢能耗均具有重要的意义。本书针对钾修饰镁铝水滑石富氢气体 CO/CO_2 净化技术,分别从吸附模型开发和机理分析、反应器和过程设计、系统工艺优化和能耗分析等不同尺度进行了研究,为下一步的中试放大提供了理论依据。

首先,本书提出了一种基于静态床的真实高压吸附动力学测试方法,减小了常规表征设备中驱替效应对测试结果造成的误差。以此为基础探讨了钾修饰镁铝水滑石在 300~450℃,0.1~2.0 MPa 下的吸附动力学现象,并建立 Elovich 型吸附/解吸非平衡动力学模型对结果进行描述;进一步地,使用原位表征手段揭示了钾修饰镁铝水滑石的中温 CO_2 吸附机理,发现 K^+ 和 Mg/Al 值具有协同作用。钾修饰镁铝水滑石表面在吸附 CO_2 后主要形成可逆的双齿碳酸盐,但当 Mg/Al 值低于 2 时还会形成结合力更强的单齿碳酸盐,从而使其具有微量 CO_2 净化能力。为了增强钾修饰镁铝水滑石的 CO_2 吸附性能,在共沉淀合成过程中引入有机溶剂洗涤法,通过剥离水滑石纳米层板以暴露出更多的 CO_2 吸附位点并提高 K^+ 分散度。

在反应器尺度层面,探讨了在加入高温 WGS 催化剂后吸附塔的微量 CO/CO_2 净化能力,系统研究了吸附温度、压力、原料气 CO 浓度,平衡气种类、水气比等对净化深度的影响规律和吸附塔的自净能力;证明了复合系统的残余 CO 浓度主要取决于吸附剂的 CO_2 热力学平衡分压,并且当吸附剂/催化剂填料体积比为 5 时可以从 5%~20%降到 10^{-5},满足燃料电池的进气标准;搭建了综合考虑 CO_2 吸附和 WGS 催化动力学、吸附塔的传质、动量传递和动态边界条件的复合系统模型;使用所获得的实验数据对模型进行拟合,并对 17 组不同操作工况进行预测。

为了实现连续的制氢过程,搭建耦合了 8 塔 13 步和 2 塔 7 步工艺的两段式中温变压吸附(ET-PSA)系统,通过引入高压蒸汽冲洗和低压蒸汽清洗步骤实现了 H$_2$ 回收率(大于 95%)和 H$_2$ 纯度(大于 99.999%)的双高。蒸汽是 ET-PSA 的主要能耗来源,通过将第二段 ET-PSA 的尾气用于第一段 ET-PSA 清洗,可以将总水耗比降到 0.451。将 ET-PSA 系统应用于整体煤气化燃料电池系统,估算得到中温 CO/CO$_2$ 净化能耗为 1.11~1.13 MJ/kg,相比传统的 Selexol 法降低了 35.1%~36.2%。

关键词:合成气制氢;水滑石;吸附动力学;吸附机理;中温变压吸附

Abstract

The reactive separation process based on the coupling of water gas shift (WGS) catalysts and elevated temperature CO_2 adsorbents is able to produce high purity hydrogen directly from H_2-rich gas. This purification technology avoids the sensible heat loss of syngas and the heat regeneration, thus being significantly important to the mitigation of the carbon emission pressure, the development of fuel cell-based energy system, and the reduction of energy consumption in coal chemical industries. This work investigated the potassium promoted magnesium-aluminum layered double oxide (K-LDO) based CO/CO_2 purification technology, which focused on the development of adsorption model, the analysis of adsorption mechanism, the design of reactor and process, the optimization of system process, and the analysis of energy consumption, to provide theoretical foundation for industrial scale-up.

First, a testing method for actual high-pressure adsorption kinetics was proposed, which avoided the replacement effect in conventional characterization methods. Based on this method, the adsorption kinetics of K-LDO at $300 \sim 450°C$, $0.1 \sim 2.0$ MPa was discussed, and a non-equilibrium Elovich-type adsorption/desorption model was built. In addition, in situ techniques were adopted to illustrate the elevated temperature CO_2 adsorption mechanism of K-LDO. There was a synergistic effect of K^+ and Mg/Al ratio. After adsorbing CO_2, bidentate carbonates were formed on the surface of K-LDO. However, when the Mg/Al ratio was lower than 2, unidentate carbonates with stronger binding force were also formed, which led to the trace CO_2 purification ability. To further increase the CO_2 adsorption performance of K-LDO, the aqueous miscible organic solvent treatment (AMOST) was introduced during the co-precipitation process. By exfoliating the layered double hydroxide precursor into nanosheets, more CO_2 adsorption sites were exposed and the K^+ were better dispersed.

In the reactor-scale study, the trace CO/CO_2 purification ability of the adsorption column after adding high temperature WGS catalysts was discussed. The effect of adsorption temperatures, pressures, inlet CO concentrations, balanced gases, and steam-to-gas ratios were investigated, and the self-purification phenomenon was discovered. The residual CO concentration of the composite system mainly depended on the thermodynamically balanced CO_2 partial pressure of adsorbents. When the adsorbents/catalysts volume ratio was fixed at 5, the residual CO concentration was reduced from $5\% \sim 20\%$ to less than 10^{-5}, which met the requirement of fuel cells. A composite column model by coupling the CO_2 adsorption and WGS catalysis kinetics, the column mass and momentum balance, and the dynamic boundary conditions was built. The model was calibrated with the fixed-bed experimental data and was applied to predict 17 cases with various operating conditions.

To achieve continuous hydrogen production, a two-train elevated temperature pressure swing adsorption (ET-PSA) with an 8-column 13-step and a 2-column 7-step processes was built. By adding the high-pressure steam rinse and low-pressure steam purge steps, the system achieved both high H_2 purity ($>99.999\%$) and H_2 recovery ratio ($>95\%$). The energy loss of ET-PSA mainly came from the total steam consumption, which could be controlled within 0.451 by adopting the tail gas of the second-train ET-PSA as the purge gas for the first-train ET-PSA. When applied in an integrated gasification fuel cell system, the calculated CO/CO_2 purification energy consumption of ET-PSA was $1.11 \sim 1.13$ MJ/kg, which was $35.1\% \sim 36.2\%$ lower than that of the Selexol process.

Key words: syngas to hydrogen; hydrotalcite; adsorption kinetics; adsorption mechanism; elevated temperature pressure swing adsorption

主要符号对照表

英文字母

a	线性回归斜率（m^{-3}）
A_i	反应速率指前因子（s^{-1} 或 $kg/(mol \cdot s)$）
b	线性回归解决
c	压力效应拟合参数
C_i	气体摩尔浓度（mol/m^3）
$C_{feed,i}$	原料气摩尔浓度（mol/m^3）
$C_{rinse,i}$	冲洗气摩尔浓度（mol/m^3）
$C_{purge,i}$	清洗气摩尔浓度（mol/m^3）
$C_{pep,i}$	均压升进气摩尔浓度（mol/m^3）
$C_{pp,i}$	产品气充压进气摩尔浓度（mol/m^3）
C_T	总气体摩尔浓度（mol/m^3）
$\dot{C}_{transfer,i}$	气相和颗粒相传质速率（$mol/(m^3 \cdot s)$）
$D_{ax,i}$	轴向扩散系数（m^2/s）
D_i	多组分分子扩散系数（m^2/s）
$D_{binary,ij}$	二元分子扩散系数（m^2/s）
D_p	吸附剂/催化剂颗粒直径（m）
E	CO/CO_2 捕集量（$kg/(MW \cdot h)$）
E_i	活化能（J/mol）
E_i^0	初始活化能（J/mol）
g	吸附活化能拟合参数
$GHSV_i$	气时空速（h^{-1}）
h	解吸活化能拟合参数
HR	热耗率（$MJ/(MW \cdot h)$）
HR_{REF}	参考工况热耗率（$MJ/(MW \cdot h)$）

k_i	反应速率（s^{-1} 或 $kg/(mol \cdot s)$）
k_{ped}	均压降阀门限制速率（s^{-1}）
k_{dep}	逆放阀门限制速率（s^{-1}）
K_{eq}	WGS 反应均衡常数
LDH	水滑石（无特殊情况指镁铝水滑石层状双羟基复合金属氢氧化物，layered double hydroxide）
LDO	煅烧后的水滑石（无序的双金属氧化物，layered double oxide）
K-LDO	钾修饰水滑石
L_b	塔高（m）
$m_{adsorbents,total}$	总吸附剂质量（kg）
M_{CO_2}	CO_2 摩尔质量（kg/mol）
M_g	混合气体摩尔质量（kg/mol）
MW_i	相对分子质量（molecular weight）
p	压力（Pa）
p_0	标准大气压（Pa）
p_i	组分 i 分压（Pa）
p_{feed}	原料气压力（Pa）
p_{rinse}	冲洗气压力（Pa）
p_{ped}	均压降气体压力（Pa）
p_{dep}	逆放气压力（Pa）
p_{purge}	清洗气压力（Pa）
$q_{e,a}$	平衡 CO_2 吸附量（mol/kg）
$q_{e,d}$	平衡 CO_2 解吸量（mol/kg）
q_i	位点密度（mol/kg）
$q_{i,0}$	初始位点密度（mol/kg）
q_{total}	总 CO_2 吸附量（mol/kg）
q_{AS}	q_A 和 $q_{O(s)}$ 位点之和（mol/kg）
Q_i	标准状况下气体流量（m^3/s）
$Q_{product,out}$	产品气罐出口流量（m^3/s）
Q_{feed}	产品气罐入口流量（m^3/s）
$rate_a$	CO_2 吸附速率（mol/(kg · s)）
$rate_c$	催化反应速率（mol/(kg · s)）
R	理想气体常数（J/(mol · K)）

Re	雷诺数
SA	比表面积（m^2/kg）
Sc	斯密特数
SPECCA	碳捕集比一次能耗（MJ/kg）
t	时间（s）
t_{total}	总操作时间（s）
T	温度（K）
T_0	室温（K）
T_1	冷区温度（K）
$\hat{T}_{i1}$	假设的冷区温度（K）
T_2	测试温度（K）
v	气体流速（m/s）
v_{feed}	原料气流速（m/s）
v_{rinse}	冲洗气流速（m/s）
v_{purge}	清洗气流速（m/s）
v_{pep}	均压升进气流速（m/s）
v_{pp}	产品气充压进气流速（m/s）
vol_ratio$_{a/c}$	吸附剂/催化剂填料体积比
V_{0i}	标准钢球总体积（m^3）
V_1	参比管体积（m^3）
V_2	吸附管体积（m^3）
V_3	修正步骤中真实标准钢球总体积（m^3）
$\hat{V}_3$	修正步骤中计算的标准钢球总体积（m^3）
V_s	吸附剂体积（m^3）
x_i	组分 i 摩尔分数
$x_{product,i}$	产品气罐中组分 i 的摩尔分数
x_K	K 修饰位点和未修饰位点之比
y_i	组分 i 质量分数

希腊字母

α	E_{1f} 的拟合参数（J/mol）
β	E_{1b} 的拟合参数（J/mol）
η	净发电效率（%）

η_{REF}	参考工况净发电效率（%）
ε_b	固定床空隙率
ρ	气体密度（kg/m³）
$\bar{\rho}$	一系列气体密度（kg/m³）
ρ'	二氧化碳密度（kg/m³）
ρ_a	吸附剂密度（kg/m³）
ρ_c	催化剂密度（kg/m³）
ρ_g	气体密度（kg/m³）
φ_1	吸附管冷区体积比
$\hat{\varphi}_{i1}$	吸附管假设的冷区体积比
φ_2	吸附管和参比管冷区体积比
$\hat{\varphi}_{i2}$	吸附管和参比管假设的冷区体积比
μ	气体黏度（Pa·s）
σ_i	组分 i 球面直径（Å）
Ω	碰撞积分系数
δ	二氧化碳泄漏率（Pa/s）

目　录

第 1 章 引　言

1.1　研究背景及意义

1.1.1　化石燃料脱碳和制氢

越来越多的研究证明，CO_2 的大量排放正在引起全球温室效应增强并导致气候变化[1]。目前世界能源体系还是以煤、石油和天然气等化石能源为主，有必要发展 CO_2 捕集、封存和利用技术以减少碳排放。当前的碳捕集方法主要包括燃烧前捕集、燃烧后捕集和富氧燃烧，其中燃烧前捕集适用于煤气化电站，燃烧后捕集适用于传统的燃煤电站，而富氧燃烧主要应用于新建电站或者改造后的循环流化床锅炉电站[2-3]。捕集的 CO_2 可以通过 CO_2 驱油、驱气、废弃的油田和气田储存、形成含盐层、海洋储存和矿物矿化等途径进行储存，或者可以应用于生产食物、饮料，发展化工，种植农作物和藻类等[4]。

目前大部分商业 CO_2 捕集项目使用的是燃烧后捕集技术，通过胺溶液吸收从燃烧尾气中脱除 CO_2[5]。但是，燃烧尾气中较低的 CO_2 浓度（低于 15%）导致了较高的资本投资和较大的设备尺寸；在富氧燃烧中，由于 CO_2 浓度的提高，捕集成本可以有所下降，但是燃气循环和空分系统的引入又增加了投资和运行成本[6]；由于较高的捕集压力（2～7 MPa）和较低的再生能耗，燃烧前碳捕集相比燃烧后碳捕集可以降低大约一半的运行成本，因此受到了研究者的广泛关注[7-8]。燃烧前碳捕集通常采用 Selexol™、NHD、Rectisol®、MDEA 等液体吸收法，此类工质要求工作环境为常温或者负温，因此合成气在经过分离单元之前需要预冷，之后需要回热。如果使用固体吸附剂并且将捕集温度提高到中温，则可以通过避免合成气显热损失，进一步降低设备投资成本。

另一方面，随着全球范围内不断增长的能源需求和环境压力，使用更加清洁高效的能源替代化石燃料已经迫在眉睫。H_2 被认为是一种未来能源,并且有潜力在 2080 年提供 90％的能源占比[9]。结合 H_2 作为能量载体和燃料电池作为发电单元的新兴技术有望打破当前的能源系统格局[10]。H_2 也是一种重要的化工原料,如广泛应用于合成氨和合成烯烃[11]。H_2 可以通过碳氢化合物重整[12]、生物质气化[13]和水解离(包括光催化裂解[14]、电解[15]和热解[16])制取。尽管使用可再生能源制氢具有重要意义,但是在短期内甲烷蒸气重整(steam methane reforming,SMR)和煤气化(coal gasification,CG)依然是成本最低的制氢方式[17]。

燃料电池是一种可以直接将燃料的化学能有效转变成电能的发电设备。它在微型便携式电源、分布式发电和燃料电池电动汽车(fuel cell electric vehicle,FCEV)等领域有广泛的应用前景[18]。燃料电池可以分为质子交换膜燃料电池(proton exchange membrane fuel cell,PEMFC,80～200℃)、碱性燃料电池(alkaline fuel cell,AFC,100℃)、熔融碳酸盐燃料电池(molten carbonate fuel cell,MCFC,650℃)和固体氧化物燃料电池(solid oxide fuel cell,SOFC,800～1100℃)[19]。其中 PEMFC 由于具有较低的操作温度、快速启动、长寿命和高功率密度等特性受到广泛关注,成为清洁高效的固定式和移动式发电设备的候选电池[20]。但是,PEMFC 需要以高纯氢为燃料,一般要求 H_2 纯度在 99.999％以上。对于以碳氢燃料作为原料的 PEMFC 系统,碳氢化合物首先和蒸汽反应产生包含 CO、CO_2、H_2、H_2O、CH_4 等组分的重整气。重整气随后通过水气变换(water gas shift,WGS)反应器和 CO_2 分离单元。但是,从合成气/重整气中分离 CO_2 的能耗降低了制氢效率,从而加速了煤的消耗[21]。这部分能耗主要包含合成气降温以达到 CO_2 分离子单元温度需求时的显热损失,以及再生富液或饱和吸附剂所需的热量[22-23]。因此,研究者们提出了中温气体净化(warm gas cleanup,WGCP)的概念[24],即合成气中的杂质气体被固体吸附剂在中温(200～450℃)下直接吸附脱除。中温气体净化技术可以用于脱除 H_2S[25-26]、COS[27]、HCl[28]、重金属元素[29]和 CO_2[30-32]。对于中温 CO_2 捕集,净化能耗可以在传统 Selexol 工艺的基础上降低 20.3％～26.6％[22]。

1.1.2　中温 CO/CO_2 净化技术

WGCP 指的是在中温条件下去除合成气中 CO_2 和 H_2S 等杂质的过程(见图 1.1)[33]。这种技术可以广泛应用于石油、化工、冶金和能源工业等领域中的气体净化。WGCP 使用固体吸附剂对合成气中的杂质气体进行吸

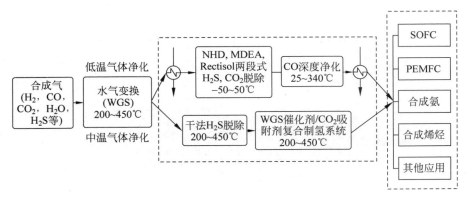

图 1.1　中温气体净化技术工艺路线

附和解吸,相比于 Rectisol、Selexol 和 MDEA 等以溶剂吸收法为技术核心的常温湿法净化技术,该技术:①不需要换热器等设备;②避免了合成气的显热损失;③采用降压解吸再生,避免了冷气体处理法中的热再生能耗[22,34]。此外,可以通过将少量水气变换(WGS)催化剂加入填料塔实现 CO 和 CO_2 的同时深度脱除,达到 PEMFC 和煤化工合成氨对于原料 H_2 纯度的要求(CO 纯度小于 10^{-5},CO 和 CO_2 纯度小于 2.5×10^{-5})。

合成气在经过水气变换后含有 70% 以上的 CO_2 和 H_2,因此抑制了 CO 进一步转化为 CO_2[23]。这部分微量 CO 会造成后续合成或发电单元催化剂中毒。而如果在中温条件下将变换气中的大部分 CO_2 除去,则 CO 的水气变换热力学平衡限制就会被打破。因此,一种可行的 CO 净化思路为在吸附剂填料塔中混入少量的水气变换催化剂,将 CO 转换成 CO_2,通过脱除 CO_2 实现对微量 CO 的间接控制。有关 CO_2 吸附剂/催化剂复合系统富氢气体 CO/CO_2 净化原理如图 1.2 所示。

相比于传统的富氢气体 CO 直接净化技术(如膜分离、常温变压吸附、选择性甲烷化和优先催化氧化等[35]),采用 CO_2 吸附剂/催化剂复合系统的间接净化法具有如下技术优势:第一,H_2 和 CO 的化学性质相近,因此使用直接净化法难免会消耗变换气中的 H_2,而通过将 CO 转化成 CO_2 再进行脱除可以避免 H_2 的损失,提高原料利用率;第二,直接净化法的 CO 脱除精度很难低于 10^{-5},即达到燃料电池级的净化标准,而间接净化法的 CO 净化深度可以根据 CO_2 捕集率和水气比进行人为调控;第三,间接净化法不需要引入额外的净化和换热设备,从而减少了系统投资。

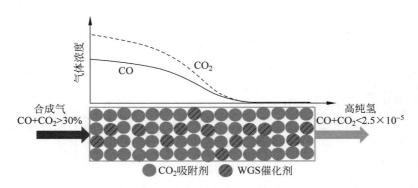

图 1.2　CO₂ 吸附剂/催化剂复合系统富氢气体 CO/CO₂ 净化原理

1.1.3　中温 CO/CO₂ 净化的工业应用

在过去的数十年间,中温 CO/CO₂ 净化技术在燃烧前 CO₂ 捕集和高纯氢制取等领域受到了广泛关注。目前各研究单位正在积极建设示范级的分离系统,包括美国 TDA 公司的 4 塔变压吸附(PSA)示范装置,美国 RTI 研究所的中温气体净化项目,荷兰能源研究所(ECN)的吸附增强水气变换(SEWGS)技术和笔者所在课题组承担的山西省科技重大专项项目(MG2015-06)。本节将分别对这几个项目进行介绍。

2012 年,TDA 公司在美国能源部(DOE)的项目(DE-FE0000469)支持下,合成了一种改性介孔碳,可以通过强物理吸附从变换气中选择性脱除 CO₂(240～250℃,3.4 MPa)[36]。该吸附剂可以在近等温条件下通过变压的形式进行再生。相比于采用传统的 Selexol 法,较高的 CO₂ 捕集温度可以使电站系统具有更高的电能输出效率,从而降低 15%～30% 的净化能耗。在 2014—2018 年,TDA 公司搭建了 0.1 MW(电功率)级的 PSA 小试装置(DE-FE0013105),并将其应用于 Wabash River 的整体煤气化联合循环(IGCC)电站和位于 NCCC 的 TRIG 气化炉中来进行合成气的燃烧前 CO₂ 捕集[37]。该 PSA 装置包含 8 个圆柱形吸附塔,两个缓冲罐和两个入口/出口气体存储罐。位于 NCCC 的中温净化装置在保持 90% 以上碳捕集率的要求下完成了 707 h 的连续运行。TDA 在小试实验中通过修改装置工艺和参数实现了更高的气体处理量。TDA 下一步的工作是在南京中国石化扬子石油化工厂搭建中试装置。

与此同时，TDA 的另一个项目（DE-FE0026142）联合了 WGS（水气变换）和 PSA 过程，可以达到更高的 CO 转化率和更低的蒸汽耗量。2015 年，TDA 成功验证了将中温 CO_2 吸附剂和低温变换催化剂耦合用于处理 NCCC 电站合成气的可行性，其中 CO_2 捕集量为 0.2 kg/h。2017 年，CO_2 捕集量的规模被放大到了 10 kg/h。相比于单一的 PSA 装置，耦合了 WGS 的过程可以进一步提升 0.5% 的系统效率。

RTI 研究所在 2010—2015 年完成了中温气体净化示范项目，该项目在中温下实现了连续脱除合成气中的 H_2S 和 CO_2[38-39]。通过采用 ZnO 作为 H_2S 吸附剂和 Na_2CO_3 作为 CO_2 吸附剂，系统的脱硫效率和脱碳效率分别达到 99.9% 和 90% 以上。然而该项目受限于 CO_2 吸附剂的性能，脱碳温度（60~80℃）较低，进入脱碳环节之前变换气（250~450℃）仍然需要冷却降温。

ECN 自 2005 年开展了 SEWGS 技术的研发，在应用基础研究和工业应用方面都做了一系列的工作[40]。该技术通过耦合钾修饰镁铝水滑石作为中温 CO_2 吸附剂和高温变换催化剂，在 400℃ 下实现了燃烧前 CO_2 捕集。2013 年，ECN 宣布 SEWGS 已经可以用于中试放大[41]。在最新的项目 STEPWISE 中，ECN 将该技术应用于高炉煤气的脱碳，目标是在 400℃ 和 2.5 MPa 工况下捕集 85% 的 CO_2 并降低 60% 以上的捕集能耗[42-43]。

自 2011 年开始，笔者所在课题组在国家 863 高技术研究发展计划（2011AA050601）的支持下开始中温变压吸附（ET-PSA）用于合成气净化的研究，并在 2011—2015 年搭建了气体处理量为 6 Nm^3/h 的 4 塔 ET-PSA 小试装置，在脱碳率为 95.7%~98.6% 和脱硫率为 98.9%~99.4% 的条件下完成了 75 h 的连续运行和 1089 h 的累计运行[22,44]，在 2016—2019 年，承担了山西省科技重大专项项目（MG2015-06），致力于建造气体处理量为 5000 $N \cdot m^3/h$ 的 ET-PSA 装置用于合成氨中的变换气制氢，其中要求产品 H_2 的纯度和回收率分别在 99.999% 和 99% 以上[45]。

综上所述，目前国际上中温 CO/CO_2 净化技术已经处于中试阶段，如果按照九级技术成熟度（TRL）来划分，目前基本实现了 TRL4 级和 TRL5 级，部分项目（如 STEPWISE）正在迈向 TRL6 级。值得注意的是大部分中试项目的应用背景是燃烧前 CO_2 捕集，脱碳率基本在 90% 左右，而将中温 CO/CO_2 净化直接用于制取高纯氢的研发项目较少。

1.2 国内外研究现状

1.2.1 固体 CO_2 吸附剂综述

发展中温 CO/CO₂ 净化技术所面临的挑战之一是 CO_2 吸附剂的合成和表征,所采用的吸附剂需要满足:①中温条件下较高的选择性和吸附量;②良好的吸附/解吸动力学;③稳定的循环工作量;④足够的机械强度[46]。合成气在经过水气变换之后温度为 $200\sim400℃$,因此要求吸附剂在中温条件下具有较高的吸附量和良好的吸附动力学。如表 1.1 所示,沸石、活性炭和 MOF 等物理吸附剂,其 CO_2 吸附量随着吸附温度的升高快速下降,因此无法被应用于 WGCP 系统;而对于钙基和锂基等化学吸附剂,由于吸附剂和 CO_2 之间形成了较强的化学键,通常需要 $600℃$ 以上的高温用于再生[47-48]。最常见的中温 CO_2 吸附剂包括水滑石衍生的双金属氧化物和 MgO 基吸附剂,其中水滑石由于存在弱化学吸附,因此在 WGCP 工况下具有相对较高的 CO_2 吸附量和极高的 CO_2 选择性[49-50]。水滑石的吸附热介于沸石和碱金属氧化物之间,可以很容易地通过变压吸附进行解吸。

表 1.1   固体 CO_2 吸附剂工作温度和吸附量

吸附剂类型	吸附剂	吸附温度/℃	常压吸附能力 /(mmol/g)	吸附类型
低温吸附剂[47]	活性炭基	≤80	≤3.5	物理吸附
	沸石基	≤100	≤4.9	
	MOF	≤100	≤4.5	
	固态胺	≤60	≤5.5	
中温吸附剂[51]	水滑石	200～400	1.36	弱化学吸附
高温吸附剂	CaO[52]	600～700	2.27～9.09	化学吸附
	Li₂ZrO₃[53]	450～550	4.55	
	Na 基材料[30]	200～400	2.95	

1.2.2 水滑石的合成和表征

水滑石又称层状双羟基复合金属氢氧化物(layered double hydroxide, LDH),是一种非常合适的中温 CO_2 吸附剂前驱体,在燃烧前 CO_2 捕集[22,47-48]、吸附增强反应[41,54]和化石能源高纯氢制取[34,55]等领域有广泛的应用前景。相比于常温物理吸附剂[56-58]和高温化学吸附剂[59-60]，具有弱化学吸附位点的 LDH 在中温下拥有较高的 CO_2 吸附量、快速吸附/解吸动力学和良好的稳定性[61]。LDH 属于水镁石型 2D 阴离子黏土，其组成可以用化学式 $[M_x^{2+} M^{3+}(OH)_{2x+2}]^+(A^{n-})_{1/n} \cdot m H_2O$ 描述，其中 M^{2+} 和 M^{3+} 分别代表二价和三价金属阳离子，A^{n-} 代表层间阴离子。在不同种类的 LDH 中，$Mg_x Al\text{-}CO_3$ 是最广泛的应用于中温 CO_2 吸附的前驱体[62-65]。

LDH 的晶体结构包含了带正电荷的水镁石型层板和带负电荷的层间阴离子。新鲜的 LDH 并不含有 CO_2 的活性位。在煅烧时，LDH 晶体层状结构被破坏，依次经历了脱水（70 ~ 190℃）、脱羟基和脱碳（190 ~ 508℃）[66]，最终形成了无序的双金属氧化物（layered double oxide，LDO）。LDO 表面形成了丰富的表面低碱性（OH^-）、中碱性（Mg-O 对）位点和强碱性（O^{2-}）位点作为 CO_2 的吸附活性位点[67]。源于 Mg-O 对和 O^{2-} 的不饱和氧位点是主要的中温 CO_2 吸附位点[68]，通过将 Mg^{2+} 替换成 Al^{3+} 或者在煅烧过程中将 Al^{3+} 迁移出晶格位点而形成[69]。

自 2000 年开始，有关 LDO 作为中温 CO_2 吸附剂的合成和表征引起了科研工作者们广泛的研究兴趣，研究方向包括煅烧温度[69]，替换阳离子[70]，改变 x 值[71]，合成方法[72]，工作温度和压力[73]，SO_x、H_2S 和 H_2O 的影响[74]，碱金属离子修饰[75]，颗粒尺寸[76]和载体的影响[63]等。Rodrigues 及其合作者系统地研究了形貌（孔结构、层间距和电荷密度）和 LDO 的 CO_2 吸附性能的关系[46,61,75,77-78]。Yong 等[46,61,77]对阴阳离子种类、铝含量、CO_2 分压（0~0.013 MPa）和吸附温度（20~300℃）等因素对 LDO 的 CO_2 吸附量的影响进行了研究。商业水滑石 MG50（Mg/Al 值为 1.28）在 300℃ 和 0.1 MPa 的 CO_2 分压下表现出了最高的 CO_2 吸附量（0.41 mmol/g）。通过浸渍 K_2CO_3 和 $CsCO_3$ 等碱金属碳酸盐可以提升 LDO 的 CO_2 吸附量[75]。在浸渍了质量分数为 20% 的 K_2CO_3 后，MG30（Mg/Al 值为 0.55）在 403℃ 和 0.04 MPa 下的 CO_2 吸附量从 0.10 mmol/g 增加到了 0.76 mmol/g。Wang 等[70,79]、Hutson 和 Attwood[80] 报道了三价阳离子（Al^{3+}、Fe^{3+}、Ga^{3+}、Mn^{3+}）和层间阴离子（CO_3^{2-}、HCO_3^-、NO_3^-、SO_4^{2-}、Cl^-）对 Mg-M^{3+} 型 LDO 热稳定性、形貌和比表面积的影响。证明了由于具有较好的热稳定性和高比表面积，$Mg_3 Al\text{-}CO_3$ 在 200℃ 和 0.1 MPa 下具有最高的 CO_2 吸附量（0.53 mmol/g）。在浸渍了质量分数为 20% 的 K_2CO_3 后，$Mg_3 Al\text{-}CO_3$ 的 CO_2 吸附量进一步提升到了 0.81 mmol/g[70]。Gao 等[69]指出当保

持相同的样品组分时,合成方法对 CO$_2$ 吸附量的影响有限。

此外,有关水蒸气[74,81-82]、层间阴离子替换[83]和碳基材料作为载体[65,84-85]对 LDO 吸附量和吸附动力学的影响也有详细的报道。合成气中含有 10%～30% 的水蒸气,因此部分研究关注 H$_2$O 和 CO$_2$ 在 LDO 表面的相互作用机制。目前大部分研究认为在较低水蒸气分压条件下,水蒸气的存在可以提高 LDO 的 CO$_2$ 吸附性能[46,81,86-87]。水蒸气通过在 LDO 表面形成氢氧化物从而活化吸附位[80],在 CO$_2$ 存在的情况下形成碳酸氢盐[81]和碳酸盐[88]。而在更高的水蒸气分压下(大于 0.4 MPa),水蒸气会和 CO$_2$ 形成竞争吸附[89]。Martunus 等[90]认为过量的水蒸气会造成 LDO 表面孔堵塞,从而增加气相 CO$_2$ 到吸附剂吸附位点的传输阻力。此外,Boon 等[91]指出较高的水蒸气分压可以帮助解吸残留在 LDO 表面的微量 CO$_2$。

前期有关 LDO 的研究表明:①Mg$_x$Al-CO$_3$ 型 LDO 具有较高的碱性位点密度,在 WGCP 工况下具有良好的吸附/解吸特性;②合成气中的水蒸气对 LDO 的 CO$_2$ 吸附具有促进作用;③在 LDO 表面修饰碳酸钾可以进一步提升 LDO 的 CO$_2$ 吸附量;④提高 LDO 层板的间距会引入新的 CO$_2$ 吸附位点。笔者所在课题组在前期的研究中使用长碳链插层的方法将钾修饰水滑石(K-LDO)的常压中温吸附量提升到了 1.93 mmol/g,是初始样品吸附量的 1.7 倍[83]。此外通过将 K-LDO 负载在活性炭表面制备了新型复合吸附剂,其吸附量和吸附动力学均优于 K-LDO 和活性炭[65]。

1.2.3　钾修饰镁铝水滑石吸附模型

为了指导中温气体净化装置的设计和优化,需要建立用于描述 K-LDO 吸附和解吸特性的吸附模型。目前文献中大多采用 Langmuir 吸附等温线模型和线性驱动力(LDF)动力学模型的组合形式[50,75,78,86,92]。Lee 等[50]指出简单的 Langmuir 吸附模型不足以描述 K-LDO 在 CO$_2$ 分压高于 0.02 MPa 时的化学吸附。Oliveira 等[75]采用双 Langmuir 模型来描述 K-LDO 在 300～500℃ 和 0～0.05 MPa 下的等温吸附线,该模型包含了一个放热的物理吸附过程和一个吸热的化学吸附过程。Ding 等[86]将颗粒内扩散项加入了 LDF 模型动力学系数的计算中。然而,此类模型忽略了 LDO 的 CO$_2$ 吸附反应的详细机理。近期,Coenen 等[74]通过一系列的 TGA 实验结果提出了 CO$_2$ 和 H$_2$O 的吸附机理。该机理认为 K-LDO 总共具有 4 种吸附位,分别是 CO$_2$ 和 H$_2$O 单独的吸附位、CO$_2$ 和 H$_2$O 的竞争吸附位和由 H$_2$O 激发的 CO$_2$ 吸附位。然而有关这些吸附位的具体组成以

及 H_2O 对于 CO_2 吸附平衡的影响还有待明确。另一方面,Silva 等[72]、郑妍等[44]和 Ebner 等[93-94]认为 K-LDO 的 CO_2 吸附由一系列高度耦合和完全可逆的表面反应确定。首先,Ebner 等[93-94]提出了一个可逆非平衡动力学(RNEK)模型。该模型包含三个温度相关、高度耦合、完全可逆、平衡驱动但动力学控制的反应[94]。在此基础上 Du 等考虑了吸附温度(300~500℃)[95]和 CO_2 分压(0~1 MPa)[73]对 RNEK 模型的影响。笔者所在课题组在前期的研究中提出了适用于不同吸附温度、CO_2 分压和钾掺杂量的包含三个可逆基元反应的 K-LDO 非平衡动力学模型(见图 1.3)[44,96]。实验表明 CO_2 的吸附活化能和 CO_2 表面覆盖率相关,因此在该模型中吸附活化能用 Elovich 公式描述。该模型的参数使用不同吸附温度(250~350℃)和 CO_2 分压(0.02~0.08 MPa)的热重分析(TGA)实验数据进行参数拟合,并用于预测 0.1 MPa 和 1 MPa 下固定床的突破曲线。

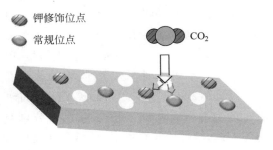

图 1.3　K-LDO 的 CO_2 吸附非平衡动力学模型

虽然已经有很多有关 K-LDO 的实验测试和吸附模型,但是大部分模型只基于相对较低的压力条件。K-LDO 在 CO_2 分压大于 0.1 MPa 时的吸附特性仍不明确,特别是几乎没有关于 K-LDO 高压吸附动力学的研究。这限制了对 K-LDO 吸附机理的进一步理解以及对适用于高 CO_2 分压工况下吸附模型的开发。在一些真实工业应用中,吸附剂往往需要工作在相对高压的环境中。例如,在整体煤气化燃料电池(IGFC)系统或合成氨工业中,合成气的总压和 CO_2 分压分别是 3~5 MPa 和 1.0~1.5 MPa[23]。常压吸附模型并不适合在这些工况下应用。

1.2.4　钾修饰镁铝水滑石吸附机理

注意到吸附模型的建立主要基于 CO_2 吸附实验,吸附所形成的表面物种类型并没有直接得到验证。因此,需要使用原位表征手段进一步理解 K-LDO 的吸附机理,从而为高性能吸附剂合成提供指导依据。原位傅里叶变换红外(FTIR)是一种检测吸附和解吸过程表面官能团变化的有效手段。自由碳酸根离子在 IR 光谱的 $1415\ cm^{-1}$ 处(ν_3 振动)有红外特征峰,而在吸附态下由于对称性的降低,这个峰会在 $1415\ cm^{-1}$ 两侧分别分裂成两个峰。分裂的 $\Delta\nu_3$ 可以用于判断表面碳酸盐的种类和吸附位点的碱性强度。

研究者对 K-LDO 的 CO_2 吸附机理有不同的解释。Du 等[97]使用原位 FTIR 对 K_2CO_3 修饰的 $Mg_2Al\text{-}CO_3$ 在 400℃ 的 CO_2 吸附过程进行研究,表明样品表面发生了几个可逆过程和一个不可逆过程。在 300 min 吸附过程中,样品表面首先形成了可逆的桥接碳酸盐($\Delta\nu_3=390\ cm^{-1}$)、双齿碳酸盐($\Delta\nu_3=253\ cm^{-1}$)和单齿碳酸盐($\Delta\nu_3=125\ cm^{-1}$)。吸附的 CO_2 更加倾向形成双齿碳酸盐,并且在吸附过程中一直持续进行,而桥接碳酸盐和单齿碳酸盐在 60 min 吸附后开始不可逆地转变成体相的多配位基碳酸盐($\Delta\nu_3=70\ cm^{-1}$)。另一方面,Walspurger 等[98]在 K_2CO_3 修饰的 Al_2O_3 和 $Mg_{2.33}Al\text{-}CO_3$ 吸附 CO_2 的过程中观察到了相似的 $\Delta\nu_3$,分别是 $198\ cm^{-1}$ 和 $190\ cm^{-1}$,由此推断 K^+ 和 Al-O 中心反应形成了新的吸附位点。然而张业新等[99]指出 K_2CO_3 修饰的 $Mg_3Al\text{-}CO_3$ 的中温 CO_2 吸附位点是 Lewis 吸附位点 Mg(Al)-O-K 和 Mg-O-K,且 CO_2 吸附机理随着 K_2CO_3 负载量的改变而改变。近期,Coenen 等[100]使用原位 FTIR 研究了钾修饰镁铝水滑石 K-MG30 在混合了 5% 蒸汽条件下的 CO_2 吸附,表明吸附的 CO_2 只形成了可逆的双齿碳酸盐($\Delta\nu_3=235\ cm^{-1}$)。但是,实验证明了 K-MG30 的 CO_2 吸附位点是异质性的,因为 $\Delta\nu_3$ 在经过氮气解吸和蒸汽解吸后分别降到了 $220\ cm^{-1}$ 和 $180\ cm^{-1}$。

K-LDO 的 CO_2 吸附机理的不一致性可能受组分(Mg/Al 值和 K_2CO_3 浸渍量)、LDH 前驱体合成过程或 CO_2 测试分压的影响。有证据表明,Mg/Al 值和 K_2CO_3 浸渍共同协作影响了 LDO 的 CO_2 吸附。例如,研究者指出 LDO 的 CO_2 吸附最优的 Mg/Al 值为 $1.3\sim3.5$[46,69,101]。Coenen 等[102]近期的研究结果表明质量分数为 20% 的 K_2CO_3 浸渍的 Al_2O_3 和 LDO(Mg/Al 值分别为 0.55 和 2.98)在 400℃ 下的 CO_2 吸附量随着 Mg/

Al 值的增加而增加；在固定床测试中，可以发现当使用碱金属修饰的 MgO 或者高 Mg/Al 值的 LDO 作为 CO_2 吸附剂时，在突破之前仍有显著的残余 CO_2 混在产品氢气中[103-105]。但是前期研究[34,55]表明 K-MG30 在 400℃的热力学平衡 CO_2 分压可以低至 9.2 Pa。目前，有关 Mg/Al 值和 K_2CO_3 浸渍对 K-LDOs 吸附位点性质的协同影响机制还没有准确的报道。

1.2.5　中温吸附法 CO/CO_2 净化深度

对于以碳氢燃料作为原料的 PEMFC 系统，碳氢化合物首先和蒸汽反应产生包含 CO、CO_2、H_2、H_2O 和 CH_4 等组分的重整气。重整气随后通过 WGS 反应器和 CO_2 分离单元。经过 WGS 反应的残余 CO 浓度为 1% 左右。由于 PEMFC 对 CO 十分敏感，微量的 CO（低于 10^{-5}）就有可能造成 PEMFC 负极金属中毒。由于 WGS 为放热反应，即使在较高的水气比下，变换气中的 CO 浓度也很难降到 10^{-4} 以下[35]。因此，富氢气体 CO 深度净化技术（将 CO 从 1% 降到 10^{-5} 以下）正在成为基于燃料电池的新一代能源系统开发过程中的新兴研究领域[35,106-107]。

目前用于富氢气体 CO/CO_2 深度净化的方法包括深冷分离、变压吸附（PSA）、H_2 选择性膜、CO 优先催化氧化（CO-PROX）和 CO 选择性甲烷化（CO-SMET）[108-116]。CO 深度净化所面临的困难之一是 CO 和 H_2 的化学相似性，即很难在不消耗 H_2 的情况下净化 CO。例如，在 CO-SMET 过程中净化 CO 需要消耗 3 倍的 H_2[109-110]；CO-PROX 的反应选择性很难达到 100%[111-112]；常规的密相金属 H_2 透过膜的 H_2 回收率受限于较低的 H_2 渗透性[113-115]。H_2 的损失大幅降低了燃料电池系统在高发电效率方面的优势。另一个问题是传统的净化方法很难将 CO 脱除到 10^{-5} 以下[35]。例如，在通过填有金属基催化剂的 CO-SMET 反应器后仍会残留 $3×10^{-5}$～$5×10^{-5}$ 的 CO[116]。注意到 CO 转化率主要受限于变换气中浓度较高的 CO_2 和 H_2，因此一种可行的思路是耦合中温 CO_2 分离过程和 WGS 反应。一旦 CO_2 被原位脱除，则最初的 WGS 反应热力学平衡限制就能够被打破，此时微量的 CO 就可以被转化而不需要借助额外的 CO 净化设备。

耦合了中温 CO_2 吸附剂和 WGS 催化剂的复合系统的 CO 净化深度主要受到 CO_2 捕集率、水气比和催化效率的影响。以入口水气比 3∶1 为例，当 CO_2 捕集率为 0 时，CO 在 300℃下的热力学平衡浓度大于 $6×10^{-3}$；当 CO_2 捕集率为 99% 时，CO 平衡浓度降到了 $1.3×10^{-4}$[117]。然而现有的研究主要关注如何提高 CO_2 吸附剂的吸附量,而较少关注如何降低出口 CO_2 的残余浓度(脱碳精度)。如表 1.2 所示,van Selow 等[104] 使用一个填有 MG70 和 WGS 催化剂 Fe_2O_3/Cr_2O_3 的固定床(2 m 高,38 mm 内径),验证了在 400℃和 2.8 MPa 工况下出口气体中残余 CO 和 CO_2 浓度分别低于 2×10^{-4} 和 1.5×10^{-3}(原料气为 12% CO_2、21% H_2O、1.6% CO)。类似地,Beaver 等[103] 测试了填充质量分数为 50% 的 WGS 催化剂 Cu/ZnO/Al_2O_3 和质量分数为 50% 的 K-MG70 的管式反应器的净化性能,表明在 400℃和 0.1 MPa 工况下产品 H_2 包含低于 7×10^{-4} 的 CO 和 10^{-3} 的 CO_2(原料气为 10.9% CO、54.6% H_2O、32.7% Ar)。近期,Moreira 等[118] 在相对低温(125～295℃)下进行了复合系统净化实验,采用了 CuO/CeO_2 作为 WGS 催化剂,结果表明在 275℃和 0.5 MPa 工况下 CO 转化率达到了 97.7%。Lee 等[119] 合成了一种催化剂和吸附剂的复合固体颗粒,其中催化剂/吸附剂的比例可以根据需求进行调整。在复合系统模拟方面,Jang 等[117] 搭建了吸附/反应填料塔模型,该模型包含了均衡吸附量模型,LDF 动力学模型[50] 和 WGS 动力学经验模型[120],表明更高的水气比和吸附剂填料比,更低的操作温度可以提高 H_2 产率和 CO 转化率。随后,Jang 等[121] 提出了多段填料的概念,其中每段填充不同比例的催化剂和吸附剂。相比于传统的一段填料,多段填料可以实现更高的 CO 转化率和 H_2 产率。

表 1.2　CO_2 吸附剂/WGS 催化剂复合系统净化深度研究现状

吸附剂	入口 CO/CO_2 浓度/%	温度/压力 /(℃/MPa)	CO 转化率/%	出口 CO/CO_2 浓度/×10^{-6}	参考文献
CaO/MgO	6.6/3.1	550/1.5	—	100/300	[122]
		400/0.1	91	9000/<1000	
CaO	10/0	500/0.1	97	3000/<1000	[123]
		600/0.1	95	5000/5000	
K-LDO	10.9/0	400/0.1	—	700/1000	[103]
LDO	1.6/12	400/2.8	99.2	200/1500	[104]
K-LDO	20/0	275/0.5	97.7		[118]

但和以上研究不同的是,本书主要目的是在中温下通过脱除富氢气体中的 CO_2 来同时实现 CO 的深度净化。在最初 CO 浓度为 0.3%～2% 的前提下,净化后的参与 CO 浓度需要至少低于 10^{-5}。对于化学 CO_2 吸附剂,填料塔中残留的 CO_2 浓度的最低值主要取决于吸附剂和 CO_2 的反应

热力学平衡,如对于 CaO 类 CO_2 吸附剂,当反应温度为 650℃时,CO_2 平衡压力为 900 Pa。以总压为 2 MPa 计算,出口 CO_2 浓度为 $4.5×10^{-4}$[124]。对于 LDO 类化合物,由于其准确的吸附位点和详细反应机制尚不明确,无法从理论上计算 LDO 的 CO_2 吸附热力学平衡。为此需要通过实验手段明确入口 CO 浓度、水气比、工作压力、温度对脱碳效率和 LDO 净化深度的影响。为了进一步降低 LDO 的 CO_2 吸附平衡浓度,一种可行的方法是向 LDO 中引入一定量的 K^+。前人的研究表明 K^+ 的引入可以在 LDO 表面形成新的碱位,大幅提升吸附剂的吸附量,同时使最佳的吸附温度向高温区移动[125-126]。目前有关 K^+ 的引入如何影响 LDO 的吸附热力学平衡尚不明确,而使用原位 FTIR、拉曼、X 射线衍射(XRD)等表征技术可以帮助解析 K^+ 的作用机制和 K^+ 对平衡 CO_2 分压的影响。

1.2.6　循环吸附/解吸工艺设计与优化

目前已经有研究针对 LDO 吸附剂的吸附/解吸过程循环进行设计[40,51,127-130]。LDO 由于具有较低的吸附热,因此可以采用 PSA 进行循环吸附解吸。在 SMR 和 CG 制氢中,需要采用两段式 WGS 反应器先将 CO 转化成 CO_2 和 H_2,随后经过 CO_2 吸收单元、甲烷化 CO 净化单元或者 PSA 单元[12]。从㶲分析的角度来说,在制取 H_2 的纯度达 99.9% 以上时更适合采用 PSA 作为 H_2 净化技术[13]。PSA 是一个连续的过程,包括气体杂质在吸附剂表面被吸附,然后通过降低压力进行解吸[131]这两个步骤。

常见的 PSA 系统工作在常温下(NT-PSA),采用活性炭、沸石和硅胶之类的物理吸附剂[132]。NT-PSA 操作避免了热再生的能量损耗。但是,为了获得 99.999% 以上的 H_2 纯度(HP),NT-PSA 面临较低的氢气回收率(HRR)和较高的系统复杂性[133]的问题。对于从甲烷气重整气(70%～80% H_2、15%～25% CO_2、3%～6% CH_4、1%～3% CO 和微量 N_2)中制 H_2,典型的 NT-PSA 可以实现 98%～99.999% 的 HP 和 70%～90% 的 HRR[132]。当固定 NT-PSA 的塔数时,可以发现在 HRR 和 HP 之间有一个权衡关系。Ribeiro 等[134]指出将吸附时间从 160 s 缩短到 120 s 会将一个 4 塔 8 步 NT-PSA 的 HP 从 99.8193% 增加到 99.9992%,同时将 HRR 从 71.8% 降到 62.7%。H_2 常作为清洗气来源,因此当增加逆向清洗流量时也可以发现类似的现象[135]。

当塔数增加时,由于均压次数的增加可以同时增加 HRR 和 HP。

Moon 等[136] 指出 2 塔 NT-PSA 可以实现 99.77% ～ 99.95% 的 HP 和 73.30% ～ 77.64% 的 HRR，而 4 塔 NT-PSA 可以实现 99.97% 以上的 HP 和 79% 的 HRR。Lopes 等[137] 提出了一个 10 步 3 均压的 NT-PSA，可以从 5 组分原料气(79% H$_2$、17% CO$_2$、1.2% CO、2.1% CH$_4$ 和 0.7% N$_2$)中 实现 99.981% 的 HP 和 81.6% 的 HRR。在使用 12 塔 13 步 NT-PSA 净化 IGCC 电站中脱碳气时可以在 HP 为 99.993% 的条件下进一步增加 HRR 到 92.7%[138]。但是，采用较多塔数会降低 H$_2$ 产率，增加操作复杂性和建 设成本(CAPEX)[139]。

与之相比，相关研究提出了中温变压吸附(ET-PSA)的概念用于变换 气制氢[140]。ET-PSA 工作在中温条件下，因此允许变换气在没有预冷的情 况下直接进入净化单元。ET-PSA 系统采用 K-LDO[141] 和熔盐修饰的 MgO[142] 等具有中温下高 CO$_2$ 工作量和快速吸附/解吸动力学的化学吸附 剂。可以使用蒸汽作为冲洗和清洗气，其中在吸附步骤之后同向蒸汽冲洗 可以挤出吸附塔内残余的 H$_2$，逆向蒸汽清洗可以替换 NT-PSA 过程中的 H$_2$ 清洗[143](见图 1.4)。高温蒸汽可以来源于以气化炉废热和燃气轮机或 其他从子单元尾气为热量来源的余热锅炉，是 ET-PSA 中的主要能耗来 源[22]。ET-PSA 过程可以被应用在 SEGWS 中，即将 CO$_2$ 吸附剂混入 WGS 反应器中从而利用变换气中残余 CO 制取额外的 H$_2$。

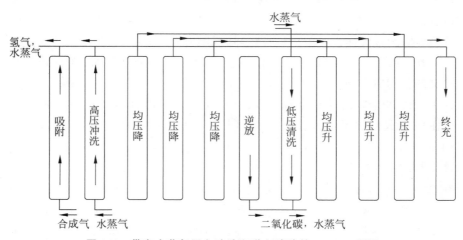

图 1.4 带有水蒸气同向冲洗和逆向清洗的 ET-PSA 循环

目前研究人员已经提出了一系列的 ET-PSA 过程，包括 4 塔 8 步循 环[44]、6 塔 8 步循环[129]、7 塔 10 步循环[40]、8 塔 11 步循环[127] 和 9 塔 11 步循环[144]。ET-PSA 的优化目标之一是降低冲洗和清洗蒸汽耗量,由此降低 ET-PSA 的能耗[22]。对于 SEWGS 过程,Reijer 等[129]表明冲洗主要影响 CO_2 纯度,而清洗主要影响 CO_2 捕集率。实现 95% 的碳捕集率和 99% 的 CO_2 纯度所需的冲洗蒸汽/原料气含碳组分比和清洗/原料气含碳组分比分别是 0.44 和 1.06[144]。Boon 等[143]在吸附模型中考虑了 CO_2 和 H_2O 的表面吸附和竞争吸附,指出蒸汽冲洗的增强作用可能被低估了。但是,值得注意的是 SEWGS 的应用背景是燃烧前 CO_2 捕集,该过程和制氢有实质性的不同:SEWGS 的主要目标是原位捕集高纯 CO_2 用于埋存和再利用,而不是产生高纯氢[8]。在 SEWGS 系统中,实现 95% 的 CO_2 捕集和 99% 的 CO_2 纯度时,典型的 HP 通常低于 99%[141]。

本书的目标是将富氢气体中的 CO 和 CO_2 净化到 10^{-6} 量级,而 SEWGS 主要用于原位 CO_2 捕集和降低 WGS 反应的蒸汽耗量[55]。因此,用于 CO/CO_2 深度净化的 ET-PSA 系统的设计和操作参数的优化和 SEWGS 完全不同。此外,由于传统的工艺需要采用产品气对吸附塔进行低压清洗,因此无法实现 HP 和 HRR 的双高[139]。对于以 H_2 为原料的能源化工系统,HRR 直接影响发电效率或产品产量[23]。WGCP 净化系统由于工作在中温条件下,可以采用水蒸气清洗替代原有的产品气清洗,因此能够实现 HP 和 HRR 的双高。水蒸气的消耗又会降低系统的发电效率,因此在实现双高前提下的 ET-PSA 系统有待优化设计。

带有水蒸气冲洗和清洗的 ET-PSA 的能耗主要来源于水蒸气耗量。对于 CO 深度净化,一般要求 CO_2 捕集率在 99.9% 以上,因此需要进一步降低水蒸气耗量。研究水蒸气冲洗和清洗对于 ET-PSA 的 HP 和 HRR 的调控机制有利于降低复合系统的 CO/CO_2 净化能耗。此外,可以考虑使用多段 PSA/TSA 组合的方式。值得借鉴的是 Riboldi 等[145]提出的两段 NT-PSA 工艺用于制取高纯氢,第一段 NT-PSA 用于脱除合成气中大部分的 CO_2,第二段 NT-PSA 用于制取高纯氢。K-LDO 存在部分较强的吸附位点,可以用于净化填料塔体相中微量的 CO_2,但是该部分吸附位点的解吸较为困难,因此可以考虑多段工艺用于在保证 HP 和 HRR 双高的情况下尽可能降低水蒸气耗量。

1.2.7 系统能耗分析

在系统层面,ET-PSA 是一种新型的中温干法 H_2 提纯技术,它的技术原理和能耗来源与传统的 NT-PSA 或常温湿法净化技术完全不同。传统的湿法净化技术的能耗主要来自富液的再生（如闪蒸、气提和热再生等）。如果主要使用热再生，则可以使用再沸器的比热负荷 q_{CO_2}（MJ/kg）来描述净化能耗，其定义为再沸器的热负荷（MJ）和所捕集 CO$_2$ 的质量流量（kg）之比[146-147]。但是，这个参数并没有体现净化效率和所需热负荷的温度范围（热负荷的能量品质）等信息[147]。NT-PSA 通过吸附剂压力的变换实现杂质气体的吸附与解吸，不需要采用加热再生。但是该技术采用 H$_2$ 低压清洗进行吸附剂的解吸[44]，且在降压解吸时排出的解吸气中也存在部分 H$_2$，这使得 NT-PSA 的 HRR 低于常温/低温溶剂吸收法（大于 99%）。对于电站来说，HRR 的下降造成了后续发电单元功率的下降，从而间接产生了净化能耗。

ET-PSA 采用水蒸气高压冲洗和低压清洗步骤替代 NT-PSA 中的 H$_2$ 低压清洗。其具体方法是[104]：在吸附过程完毕后向吸附塔中同向通入高压水蒸气，驱赶吸附塔体相中停留的 H$_2$ 进入产品气罐；在吸附塔降压解吸后，向吸附塔逆向通入低压水蒸气，促进残留在吸附剂表面的 CO$_2$ 的解吸，同时驱赶吸附塔中的杂质气体进入尾气罐。不同的能源和化工工业过程对 HP 和 HRR 的要求不同，可以通过调整冲洗和清洗步骤的水蒸气耗量来对这两个参数进行设计。其中 HP 对清洗步骤更敏感，而 HRR 对冲洗步骤更敏感[143]。可以发现，ET-PSA 技术的能耗主要来源于用于冲洗和清洗的水蒸气。在 IGFC 电站中，这部分的水蒸气可以来自余热锅炉高压水蒸气，它的消耗会降低整个系统的发电功率。

从以上分析可以看出，净化单元的能耗和其所在的系统紧密相连，并不能简单地将其归结于热负荷或者电负荷。更有意义的方法是将这个净化单元放于一个实际系统中，分析它对系统整体性能的影响，进而反算其净化能耗。值得借鉴的是 Lu 等[148]分析了 ET-PSA 应用在 IGCC 系统中的热力学性能，结果表明 IGCC＋ET-PSA 的总热效率高出 IGCC＋Selexol 系统 0.5%～2.4%。Gazzani 等[144]指出在优化的操作工况下，复合系统可以实现 86%～96% 的 CO$_2$ 捕集率和 38%～39% 的发电效率。CO$_2$ 捕集能耗为 2.5 MJ/kg，相比 Selexol 法（3.7 MJ/kg）降低了 32.4%。与此同时他们还对 ET-PSA 进行了经济性评价[149]，表明 CO$_2$ 捕集费用相比参考工况降低了 6 欧元/t。如果碳税定价为 35 欧元/t，则带有 ET-PSA 系统的电价相比于无碳捕集的超临界锅炉电站具有可竞争性。为了分析当 ET-PSA 应用于富氢气体 CO/CO$_2$ 深度净化时的情况，同样也需要建立一套统一的能耗分析体系用以定量描述不同净化方式的相对能耗大小。

1.2.8 存在的主要问题

基于前面的文献综述与分析,可以归纳出如下需要深入研究的科学问题:

(1) 钾修饰镁铝水滑石高压吸附/解吸动力学。

(2) 钾修饰镁铝水滑石 CO_2 吸附机理和吸附平衡。

(3) 水蒸气冲洗和清洗对 ET-PSA 的 H_2 回收率和 H_2 纯度的调控机制。

1.3 研究思路与研究内容

1.3.1 研究思路

为了开发一种富氢气体的中温 CO/CO_2 净化技术,首先需要明确 K-LDO 的 CO_2 吸附机理、吸附热力学平衡以及 K^+ 修饰对于吸附平衡的影响机制。在此基础上构建中温变压吸附工艺,掌握水蒸气耗量对于 HP 和 HRR 的调控机制,最后建立净化能耗的定量评价体系。

本书拟用实验测试和理论模拟开展研究。采用热重分析仪、固定床自动评价装置和静态床高压吸附仪等实验设备对 K-LDO 的吸附特性进行评估。有关 K-LDO 的 CO_2 吸附平衡的实验主要借助固定床实验测试系统,通过高压电磁阀的切换可以实现不同组合的进气方式。出口气体经冷却后依次进入气相质谱仪和色谱仪进行分析。此外,可以通过拉曼、XRD、FTIR 等在线或离线技术手段对吸附剂/催化剂煅烧过程热演变和 CO_2 吸附阶段的化学成分、晶相、化学键、官能团进行表征,以预测和检验 K-LDO 吸附/解吸机理模型。

本书主要依托 gPROMS 软件平台开展 ET-PSA 建模和预测,搭建包含 CO_2 吸附和 WGS 反应的单塔模型,组建一段或多段 CO_2 捕集和 CO 净化工艺,分析水蒸气冲洗和清洗对系统性能的调控机制。最后,使用 Aspen Plus 化工模拟软件搭建带有净化单元的电站系统,将 ET-PSA 模型的结构耦合进入电站系统,定量分析和对比富氢气体的 CO/CO_2 净化能耗。

1.3.2 研究内容

在前述分析的基础上,确定本书的研究内容,如图 1.5 所示。

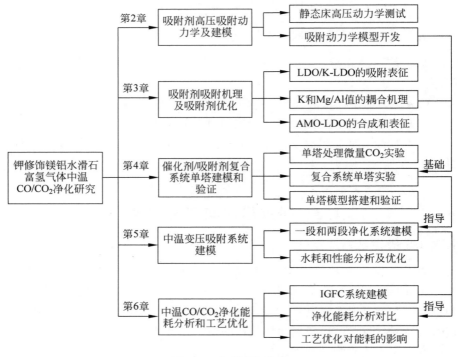

图 1.5　本书研究内容

如图 1.5 所示,研究内容包括:①钾修饰镁铝水滑石高压吸附动力学研究(第 2 章);②钾修饰镁铝水滑石微量 CO$_2$ 控制机理研究(第 3 章);③带有水蒸气冲洗和清洗的 ET-PSA 数值模拟(第 4 章和第 5 章);④ET-PSA 一段或多段工艺设计和评价(第 5 章和第 6 章)。其中以 1、2 部分内容为基础来搭建催化剂/吸附剂复合系统单塔模型用于指导 3、4 部分的完成。

（1）水滑石高压吸附动力学实验研究及吸附/解吸非平衡动力学模型构建

采用静态床高压吸附动力学测试设备,制备不同镁铝比、碳酸钾浸渍量的 LDO 样品,压片或造粒成型后放入测试设备。考察在不同反应温度下静态床的压降曲线,反算 LDO 高压吸附解吸曲线。实验可采用一次充压/放压或者连续充压/放压等技术手段,且由于 LDO 存在可逆和不可逆吸附量,每个压力点重复实验 3 次,获得 LDO 在不同 CO$_2$ 分压下的 CO$_2$ 吸附动力学和等温吸附线。

采用固定床实验设备,对 LDO 采用充压、吸附、冲洗、降压、清洗等操作,研究 LDO 在不同操作工况(吸附/解吸时间、入口流量和组分、反应温度和压力)下的突破曲线,获得 LDO 工作吸附量和出口 CO、CO_2 浓度的变化规律。

基于 gPRPMS 平台,开发包含多个可逆基元反应的高压吸附/解吸非平衡动力学数值模型,使用静态床的实验数据对模型的动力学参数进行拟合,并以此为基础搭建适用于 CO_2 捕集阶段的 WGCP 净化固定床模型,预测在不同操作工况下吸附塔的性能,并用固定床实验数据加以验证。

(2)水滑石 CO_2 吸附的实验和机理研究以及碳酸钾对于吸附剂反应热力学平衡移动的作用机制探索

采用 TGA 热重实验分析设备,制备不同镁铝比和碳酸钾浸渍量的 LDO 样品,研磨后筛分成统一粒径的粉末进行表征,研究在不同温度、空速和水蒸气含量下 LDO 的吸附曲线。采用固定床实验设备,将样品造粒后放入空管进行吸附特征表征重点研究采用新鲜吸附剂处理微量 CO_2 时 LDO 的工作吸附量和出口 CO_2 浓度,探索不同解吸方式(包括升温、惰性气体吹扫、H_2 低压清洗)对 LDO 解吸性能的影响,获得构建适用于深度净化阶段的 LDO 反应机理分析所需的实验数据。

使用原位拉曼、XRD、FTIR 等实验技术,将制备好的样品在给定的反应温度下与 CO_2 和 H_2O 进行反应,获得在与 H_2O 和 CO_2 的反应过程中,LDO 结构的变化以及其表面官能团和化学键的生成与消失,分析和推测 H_2O 在吸附和解吸阶段对于 LDO 吸附 CO_2 的影响,推测碳酸钾对于平衡 CO_2 浓度的调控机制。同时使用 gPROMS 平台,结合 TGA、固定床和原位表征所得的实验数据,明确适用于不同反应温度、不同碳酸钾修饰量的 LDO 吸附机理模型和反应热力学平衡。

(3)ET-PSA 一段和多段工艺研究以及水蒸气冲洗和清洗对于 H_2 回收率和纯度的影响

使用 gPROMS 平台搭建包含 LDO 深度净化阶段、CO_2 捕集阶段的吸附模型、WGS 催化模型以及传热、传质、动量传递等过程耦合的吸附塔模型并封装。以此为子模型搭建 ET-PSA 一段或多段工艺组合的 WGCP 净化系统,分析不同工艺组合、时序组合、水蒸气冲洗和清洗对于系统 HRR 和 HP 的影响。

使用 Aspen Plus 平台,参考文献中的实验和模拟数据搭建用于分析净化能耗的 IGFC 系统,分别计算不带有净化模型系统和带有 WGCP 净化模型系统的净发电效率,计算实现不同 HRR 和 HP 下 WGCP 的净化能耗,分析水蒸气耗量和总净化能耗之间的关系,并和现有的净化路线进行比较,验证使用 WGCP 路线净化的技术优势。并且根据所获得的模拟数据调整 WGCP 净化系统的工艺搭配和操作工况,对系统进行最优化设计。

第2章 钾修饰镁铝水滑石高压吸附动力学及建模

2.1 概述

K-LDO 吸附动力学模型的开发主要基于较低的 CO_2 分压(不大于 0.1 MPa),而针对高压下的吸附性能的研究较少。这是因为常用于表征 K-LDO 的 CO_2 吸附量和吸附动力学的设备(如热重分析仪 TGA 和固定床)受限于进气速率,当反应压力较高时,在升压过程中的驱替效应掩盖了吸附剂的真实高压动力学。这限制了对 K-LDO 的吸附机理的进一步理解和适用于高压下 K-LDO 的吸附模型的开发。在净化初始阶段,合成气中的 CO_2 分压较高(大于 1 MPa),无法使用现有的吸附模型对其反应过程进行准确描述。因此有必要发展测量高温高压吸附/解吸动力学的实验方法,并以此开发适用于高压下的 LDO 吸附动力学模型。

本章提出了一种基于静态床测试系统的高压吸附动力学测试方法。吸附曲线通过在吸附过程中计算吸附管的压降得到,从而避免了传统表征设备中的驱替效应。为了减少由于管道死体积和管中温度不均匀导致的测量误差,本章还提出了热区/冷区的概念并加以修正。相比于传统的 TGA 和固定床等方法,本章提出的方法可以避免驱替效应,因此可以获得高于大气压时的真实吸附动力学。使用所提出的测试方法对 K-LDO 在 $300\sim450^\circ\text{C}$ 和 $0.1\sim2.0$ MPa 条件下的吸附解吸动力学和可逆等温吸附线进行了研究。采用包含 Elovich 型活化能的动力学模型对实验数据进行拟合,并且使用本书提出的模型解释了温度和压力对 K-LDO 吸附性能的影响机理。

2.2 静态床高压动力学测试方法

表征吸附剂吸附量和吸附动力学最常用的分析设备是 TGA,其原理是记录被吸附气体通过时样品的质量变化[70,79,94]。但是常见的 TGA 只能工作在一个大气压以下,而高压 TGA(如英国 Hiden 公司的 IGA)的使用受到了入口气体流速的限制。在测试之前,被吸附气体需要被泵入测试腔中以取代原有的惰性气体,而在这一过程中的驱替效应有可能覆盖吸附剂的真实动力学。另一种用于测试吸附剂吸附/解吸性能的装置是固定床[50,78,150],其原理是记录被吸附气体通过填有吸附剂的固定床时的突破曲线,并且与未填吸附剂时得到的空白突破曲线进行对比。值得注意的是,突破曲线的形状不仅取决于吸附剂在不同分压下的吸附特性,还取决于固定床本身的传质特性[139]。因此很难直接从固定床实验中获得吸附剂动力学数据,而突破曲线法也往往用于验证吸附模型的正确性[44]。与之相比,基于静态床的静态容量法常用于测量吸附等温线[65,80,151]。这种方法不会受到入口气体流速的限制,因此有希望用于测量真实高压吸附动力学。

本章采用静态床对商业 K-MG30(德国 Sasol 公司)的吸附动力学进行测量。前期研究表明,这种吸附剂在至少 1200 个吸附/解吸循环内具有良好的机械强度、稳定的循环吸附量以及较少的解吸气量需求[152]。该实验装置如图 2.1 所示。

该套高压静态床测试系统的最高操作工况是 500℃和 6 MPa。系统包含铜加热炉、参比管 V_C、吸附管 V_X、真空泵、数据采集系统以及一系列的阀门和压力传感器。为了测量入口气体的压力,三个不同压力等级的高灵敏度压力传感器(0~5 kPa,−0.1~0.1 MPa,0~4 MPa,不大于 0.25% FS)安装在针阀 1 和针阀 2 之间。测试和标定时所采用气体(CO_2 和 He)的纯度在 99.999% 以上。

2.2.1　容积标定

本章采用钢球法进行 V_1 和 V_2 的体积标定。标定步骤如下:首先打开针阀 2 连通 V_C 和 V_X,切换三通阀 2 将两根管抽真空。随后关闭针阀 2 并再次切换三通阀 2 连通减压阀和 V_C,向 V_C 中充入压力为 p_{11} 的 He。关闭针阀 1 并打开针阀 2,在系统达到平衡后记录压力传感器读数为 p_{12}。在 0~4 MPa 改变 p_{11} 值然后重复上述过程 5~10 次,并对得到的数据进行线性回归分析:

$$\overline{\rho(p_{11}, T_0)} = k_1 \overline{\rho(p_{12}, T_0)} \tag{2-1}$$

然后向 V_X 中先后加入体积为 $V_{02}, V_{03}, V_{04}, \cdots$ 的 7 mm 标准钢球并重复上述过程,相对应的压力记录为 p_{i1} 和 p_{i2},其中 $i = 2, 3, 4, \cdots$。斜率 k_i 用式(2-2)拟合:

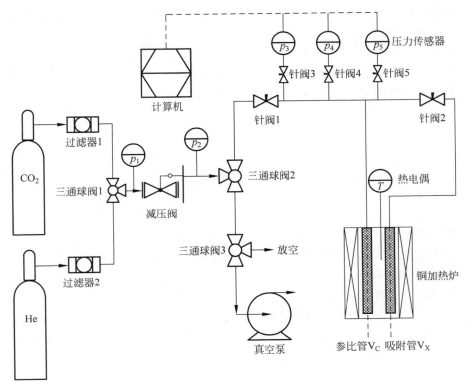

图 2.1　高压静态床系统

$$\overline{\rho(p_{i1},T_0)}=k_i\overline{\rho(p_{i2},T_0)} \qquad (2\text{-}2)$$

对得到的 k_i 和 V_{0i} 在此进行线性回归：

$$\overline{k_i}=a\overline{V_{0i}}+b \qquad (2\text{-}3)$$

式(2-3)中 V_{01} 定义为 0。由此，体积 V_1 和 V_2 可以通过拟合参数 a 和 b 计算得到：

$$V_1=-1/a \qquad (2\text{-}4)$$

$$V_2=(b-1)V_1 \qquad (2\text{-}5)$$

本章中用于测试的 V_0 取值为 0，17.959 mL 和 35.919 mL，并每隔 0.3 MPa 计算一次 k_i。最终得到的参比管 V_C 和吸附管 V_X 的体积分别是 90.090 mL 和 88.423 mL。

2.2.2　吸附动力学测试与计算

在测试之前，将 K-MG30 在 450℃ 和 He 气氛中真空煅烧 6 h。向 V_X

中加入质量为 m_s、体积为 V_s 的处理后样品,然后将 V_C 和 V_X 在真空条件下加热到设定温度 T_2。将针阀 2 关闭并向 V_C 中充入压力为 p_3 的 CO_2。随后,关闭针阀 1 并打开针阀 2 连通 V_C 和 V_X,记录压力随时间的变化为 $p_4(t)$。假设 p_4 在 t_∞ 时达到稳定,则吸附剂在温度为 T_2,压力为 $p_4(t_\infty)$ 时的真实吸附曲线计算如下:

$$q(T_2, p_4(t_\infty), t) = \rho'_1 V_1 - \rho'_2(t)(V_1 + V_2) + \rho'(p_4(t), T_2)V_s/M_g m_s$$

$$\tag{2-6}$$

$$\rho'_1 = \rho'(p_3, T_2) \tag{2-7}$$

$$\rho'_2(t) = \rho'(p_4(t), T_2) \tag{2-8}$$

通过改变 p_3 的值可以获得在任意运行压力下的吸附曲线。

如前所述,吸附剂在 $p_4(t_\infty)$ 时的吸附曲线根据 V_2 的压力变化计算得到。因此,这个压力变换需要微观上足够大以确保计算结果的准确性,但是又要宏观上足够小以确保操作压力在整个测试过程中维持相对稳定。定量来说,需要保证 $p_4(t_0) - p_4(t_\infty)$ 不超过 $p_4(t_0)$ 的 20%,并且不能低于压力传感器的分辨率。此外,这种测试方法还有两个主要的误差来源。第一,由于部分连接管道暴露在室温下,并且 V_C 和 V_X 存在上、下温度不均匀性,因此系统中的气体温度并不是严格的设定温度。第二,管路中存在微量的 CO_2 泄漏,这部分泄漏有可能在长时间测试中造成明显的误差。

2.2.3　对温度偏差的修正

为了修正第一个误差,提出了热区和冷区的概念。假设每根管都有两个区域,一个是温度为 T_1,体积比为 φ 的冷区;一个是温度为 T_2,体积比为 $1 - \varphi$ 的热区。冷区的温度和体积比计算如下:将总体积为 V_3 的标准钢球加入 V_X,然后向 V_C 和 V_X 中充入压力为 p_5 的 He。将针阀 2 关闭并将温度从 T_0 升至 T_2,此时 V_C 的压力增加到了 p_6。打开针阀 2 连通 V_C 和 V_X,此时的压力示数变成了 p_7。假设冷区温度为 $\hat{T}_{11}$,则 V_C 和 $V_C + V_X$ 的冷区体积比分别为

$$\hat{\varphi}_{11} = [\rho(p_5, T_0) - \rho(p_6, T_2)]/[\rho(p_6, \hat{T}_{11}) - \rho(p_6, T_2)] \tag{2-9}$$

$$\hat{\varphi}_{12} = \{(V_1 + V_2 - V_3)[\rho(p_5, T_0) - \rho(p_7, T_2)]\}/$$

$$\{(V_1 + V_2)[\rho(p_7, \hat{T}_{11}) - \rho(p_7, T_2)]\} \tag{2-10}$$

随后将 V_C 和 V_X 抽至真空,将压力为 p_8 的 CO_2 充入 V_C。连通 V_C 和 V_X 后记录压力为 p_9。在 $0 \sim 4$ MPa 改变 p_8 值并重复上述过程 $5 \sim 8$ 次,

则计算得到的标准钢球总体积为

$$\hat{V}_3 = \left[\rho'_9(V_1 + V_2) - \rho'_8 V_1\right]/\rho'(p_9, T_2) \tag{2-11}$$

其中：

$$\rho'_8 = \hat{\varphi}_{11}\rho'(p_8, \hat{T}_{11}) + (1 - \hat{\varphi}_{11})\rho'(p_8, T_2) \tag{2-12}$$

$$\rho'_9 = \hat{\varphi}_{12}\rho'(p_9, \hat{T}_{11}) + (1 - \hat{\varphi}_{12})\rho'(p_9, T_2) \tag{2-13}$$

改变假设的冷区温度为 $\hat{T}_{i1}$，其中 $i = 2, 3, 4, \cdots$。重复上述计算直到 $\hat{V}_3$ 基本等于 V_3，并且随着 p_8 的变化无明显改变，此时记 $i = k$。则冷区的温度和体积比分别是

$$T_1 = \hat{T}_{k1} \tag{2-14}$$

$$\varphi_1 = \hat{\varphi}_{k1} \tag{2-15}$$

$$\varphi_2 = \hat{\varphi}_{k2} \tag{2-16}$$

通过上述冷区和热区修正后，式(2-7)和式(2-8)被式(2-17)和式(2-18)替换：

$$\rho'_1 = \varphi_1\rho'(p_3, T_1) + (1 - \varphi_1)\rho'(p_3, T_2) \tag{2-17}$$

$$\rho'_2(t) = \varphi_2\rho'(p_4(t), T_1) + (1 - \varphi_2)\rho'(p_4(t), T_2) \tag{2-18}$$

2.2.4　对 CO_2 泄漏的修正

为了修正第二个误差，测量 CO_2 的泄漏率并将它从式(2-6)和式(2-18)中扣除。测量方法如下：将没有吸附剂的 V_C 和 V_X 加热到 T_2，充入压力为 p_5 的 CO_2。对装置进行时间为 t_{1c} $(t_{1c} \geqslant 24\ \text{h})$ 的测试。则 CO_2 泄漏率 δ 可通过 p_5 的变化计算得到：

$$\delta = \left[p_5(0) - p_5(t_{1c})\right]/t_{1c} \tag{2-19}$$

2.3　高压吸附动力学测试结果

2.3.1　钾修饰镁铝水滑石材料表征

图 2.2 显示了 K-MG30 在 $-196\,^\circ\text{C}$ 时的 N_2 等温吸附线。测试设备是贝士德仪器科技有限公司的 3H-2000PM2 型分析仪。测试之前，对样品在 $450\,^\circ\text{C}$ 进行 3 h 的真空脱气。

根据国际纯粹与应用化学联合会（International Union of Pure and

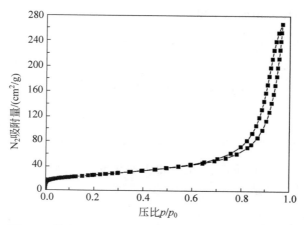

图 2.2 煅烧后 K-MG30 在－196℃ 下的 N₂ 等温吸附线

Applied Chemistry，IUPAC）分类，样品符合第 Ⅳ 类等温吸附线，表明 K-MG30 为介孔材料。迟滞回线的形状表明煅烧后的 K-MG30 在相对高压区域没有任何的吸附极限。这是典型的 H3 型迟滞回线的特征，说明颗粒拥有狭缝型孔和片状结构。这一表征结果符合文献中对煅烧后 K-MG30 的描述[68]。表 2.1 列出了煅烧后 K-MG30 的质构特性。使用 BET 法得到 K-MG30 的比表面积和平均孔径分别是 102 m²/g 和 14.2 nm，使用 BJH 法得到平均孔容为 0.362 cm³/g。

表 2.1 煅烧后 K-MG30 的质构特性

样品	Mg/Al/mol	S_{BET}/(m²/g)	D_p/nm	V_p/(cm³/g)
K-MG30	0.546	102	14.2	0.362

使用梅特勒-托利多公司的 TGA/DSC 3＋型 DSC 分析仪对 K-MG30 在 400℃ 下的热效应进行分析。首先将 5 mg 左右的 K-MG30 置于装置中，并在 100 mL/min 的 Ar 气氛保护下 450℃ 原位煅烧 1 h，随后冷却到 400℃。依次通入 100 mL/min 的 CO₂ 和 100 mL/min 的 Ar 进行 30 min 的吸附和解吸。图 2.3 显示了样品在吸附过程中的放热现象和解吸过程中的吸热现象。可以由于不可逆吸附的存在发现第 1 次循环的放热峰和增重量均高于第 2 次，这一点将会在之后的章节中讨论。表 2.2 列出了根据 DSC 的实验结果得到的吸附热数据。

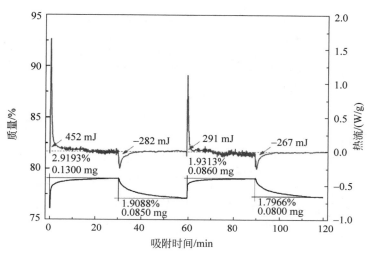

图 2.3　K-MG30 在 450℃ 和 0.1 MPa 下的 DSC 实验结果

上部曲线对应右侧坐标,下部曲线对应左侧坐标

表 2.2　K-MG30 在 450℃ 和 0.1 MPa 下的反应热

单位:kJ/mol

样品	第 1 次吸附	第 1 次解吸	第 2 次吸附	第 2 次解吸
K-MG30	-153.0	$+146.0$	-148.9	$+146.9$

2.3.2　测试方法验证

将 11.9 g 煅烧后的 K-MG30(密度为 2609.2 kg/m^3)放入吸附管 V_X 进行高压吸附动力学测量。为了验证前述方法的可行性,使用原始压力数据计算在 300℃ 和 1.15 MPa 下修正和未修正的吸附曲线,如图 2.4 所示。如果将吸附管 V_X 中的 K-MG30 颗粒替换成标准钢球,则可以得到在相同 p_3(2.25 MPa)且没有发生吸附的情况下 $p_4(t_\infty)$ 为 1.21 MPa。但是在此实验中,p_4 在 2 s 内降到了 1.16 MPa,其中 2 s 为数据采集单元的时间分辨率。p_4 从最初的 1.21 MPa 快速降到 1.16 MPa,说明了在测试开始时有大量的 CO_2 立刻被吸附了。压力值在随后的 600 min 内持续降到了 1.13 MPa,说明在第一个吸附阶段之后又发生了一个缓慢的 CO_2 吸附过程。

没有进行修正的例子表明在 600 min 内总的吸附量为 0.066 mmol/g。

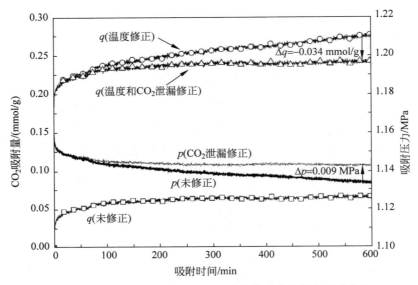

图 2.4　在 300℃ 和 1.15 MPa 下原始的压力数据和吸附曲线

事实上,管中的平均温度远低于期望温度,因此导致吸附量存在明显的误差。为了验证这个猜想,向管中充入 1.13 MPa 的 He 并从 20℃ 加热到 300℃。管中的压力上升到 1.97 MPa,对应 238℃ 的平均温度。这样一个温度偏差主要由暴露在环境中的管道死体积和加热炉上部温度不均匀导致。值得注意的是,K-MG30 样品被放置在吸附柱的底部,其吸附温度仍可以认为是 300℃。因此,有必要对吸附曲线进行热区和冷区的修正,而图 2.5 显示了使用不同冷区温度(20℃,35℃,50℃ 和 80℃)时的校准结果。

　　使用 20℃ 的冷区温度,且在 $\varphi_1 = 0.138$ 以及 $\varphi_2 = 0.122$ 的情况下标定得到的容积最接近钢球的真实体积,因此在本章中被采用。修正后的误差可以控制在 ±0.03 mmol/g 以内。温度修正后的 CO$_2$ 吸附量相比于修正之前有了明显的增加,在 2 s 内吸附量达到了 0.173 mmol/g,并且在随后的 600 min 后缓慢升高到了 0.276 mmol/g。最后,通过前述方法计算得到 CO$_2$ 的泄漏率为 897 Pa。这个泄漏率对 2 h 内的 CO$_2$ 吸附量几乎没有影响,但是在长时间测试过程中却不能被忽略。在进行温度和 CO$_2$ 泄漏的修正后,吸附剂在 600 min 内的吸附量为 0.242 mmol/g。

2.3.3　吸附压力和温度的影响

　　对 K-MG30 在不同温度(300℃、350℃、400℃、450℃)和压力(0.1 MPa、

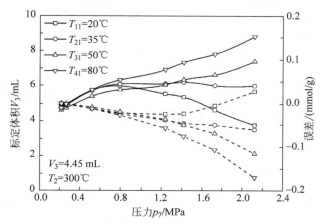

图 2.5　使用热区和冷区概念修正温度偏差

实线代表标定体积,虚线代表误差

0.7 MPa、1.0 MPa、2.0 MPa)下的 CO_2 吸附特性进行测试(见图 2.6)。在真实的变压吸附工业装置中,吸附过程一般只持续几分钟,因此对 30 min 内的 CO_2 吸附曲线进行研究。在所有研究的工况中,K-MG30 都具有最开始的快速吸附段和持续 30 min 的慢速吸附段。CO_2 吸附量在 0.1 min 内达到了总吸附量的 70%,并且在 5 min 内达到了 90%。进一步研究可以发现,K-MG30 的 CO_2 吸附量和吸附时间的对数成正比。这个规律在更长的吸附时间下同样存在。这种吸附速度规律并不能用传统的 LDF 模型进行解释,因为在传统模型中更快的初始吸附速度意味着更短的平衡时间。事实上,Leon 等[68]通过 FTIR 和微量热法吸附实验证明了由于碱性位点的异质性,K-MG30 的吸附热随着 CO_2 吸附量的增加而降低,并且和表面覆盖率大致呈现线性关系。因此,可以使用 Elovich 型动力学模型描述 K-MG30 的吸附行为,这种模型已经在相关研究中成功地用于解释 K-LDO 在一个大气压下的吸附行为[44]。

当把吸附压力固定为 1 MPa 时,K-MG30 的 CO_2 吸附量从 300℃时的 0.238 mmol/g 持续增加到 450℃的 0.642 mmol/g。这一性能与活性炭和沸石之类的物理吸附剂不同,并没有呈现吸附量随着温度的增加急剧下降的规律。前人曾报道 LDO 在吸附压力小于 0.1 MPa 时呈现了类似的规律[44,46,75,79]。在后续章节中,本书用吸附和解吸速率增加来解释此现象。当吸附温度超过 480℃时,由于 LDO 会发生不可逆的结构变化,因此吸附量会下降[95],这一点已经超过了本章的探讨范围。

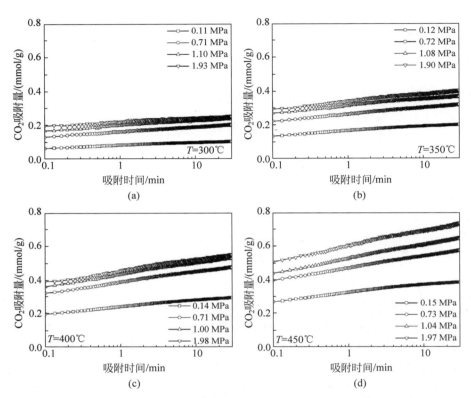

图 2.6　吸附压力(0.1~2 MPa)和温度(300~450℃)对 CO$_2$ 吸附性能的影响

　　LDO 的 CO$_2$ 吸附量在 0.1 MPa 以下时随着压力的增加基本呈现线性增加[46]。本章将通过实验表明吸附压力对 K-MG30 的 CO$_2$ 吸附量的影响。当吸附压力从 0.1 MPa 增加到 1 MPa 时，K-MG30 在 300℃下的吸附量从 0.10 mmol/g 快速增加到 0.24 mmol/g。但是，当压力继续增加到 2 MPa 时，CO$_2$ 吸附量只增加了 0.02 mmol/g。当进一步提高吸附温度时可以发现相同的规律。吸附压力的提升增加了 CO$_2$ 分子和 K-MG30 表明吸附位点反应的概率，因此提高了吸附速率。但是，当压力超过 1 MPa 后，CO$_2$ 吸附位点数量成为吸附速率的主要限制因素。

2.3.4　真空条件下解吸性能

　　采用静态容量法进行吸附动力学测试存在一个缺陷，即它无法直接表征吸附剂在真空(或低 CO$_2$ 分压，不大于 0.1 kPa)下的解吸动力学。但是，解吸量可以反映在下一个循环的吸附过程中。在 300℃ 和 1 MPa 下，对经过 30 min 吸附以及不同解吸时间（1 min，5 min，10 min，30 min，60 min，180 min，640 min）的 K-MG30 进行了第 2 循环的吸附实验。图 2.7(a) 表明在经过 1 min 的真空解吸后，K-MG30 在接下来的 30 min 吸附时间内恢复了 0.14 mmol/g 的吸附量。这部分吸附量可以认为等于 1 min 之内的解吸量。图 2.7(b) 表明解吸量同样和时间的对数呈线性关系，并且在 600 min 之内也没有达到平衡。因此，可以判断解吸速率远慢于吸附速率。Ebner 等[94] 在 0.1 MPa 以下得到了相同的结果，并指出吸附速率是解吸速率的 10 倍。因此，为了正确描述 K-MG30 的解吸速率，有必要将解吸活化能与 CO_2 吸附量建立关联。

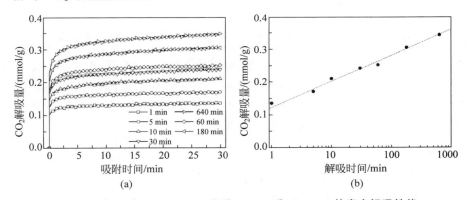

图 2.7　在 300℃ 和 1 MPa 下吸附 30 min 后 K-MG30 的真空解吸性能

2.3.5　高压循环稳定性

图 2.8 显示了在 CO_2 分压为 1 MPa，吸附温度为 300～450℃ 时 K-MG30 在超过 20 个周期内的循环稳定性。

可以发现第 1 个循环的 CO_2 吸附量明显高于其他循环的吸附量，表明在第 1 个循环中存在不可逆吸附量。这一点也可以使用 Elovich 型吸附模型进行解释。2.3.4 节已经证明，K-MG30 的解吸速率远慢于吸附速率。在第 1 次解吸过程中，解吸速率随着时间呈现指数下降的趋势，并在 30 min 后达到了一个非常低的值。因此，虽然最终 CO_2 吸附量有可能被完全解吸，但是在有限的时间内只能解吸部分吸附量。在经过了几个循环后，K-MG30 在 300℃ 和 350℃ 时的 CO_2 吸附量保持相对稳定，这一点更加证明了在给定温度下，解吸速率是决定 K-MG30 循环工作量的限制因素。当

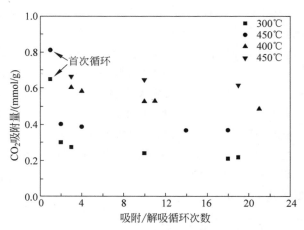

图 2.8　在 300～450℃ 和 1 MPa 下的 K-MG30 的吸附/解吸循环稳定性

吸附温度超过 400℃ 时，K-MG30 的吸附性能在经过 20 个循环后有轻微的下降，这是由于较高的操作温度会导致吸附剂的比表面积下降。在 PSA 工况下，K-MG30 的工作 CO₂ 吸附量远比总的吸附量重要，因此本章采用了 3 个循环后的 30 min 可逆吸附量作为参考标准。

2.4　高压吸附动力学建模

2.4.1　建模方法

本章采用简化的一步 LDF 模型结合 Elovich 型动力学系数来描述 K-MG30 的高压吸附动力学。模型基于以下假设：

（1）动力学系数是温度和压力的函数[86]。

（2）总吸附位点数量不随温度发生改变。

（3）活化能随着表面覆盖率线性变化[68,153]。

（4）不考虑颗粒内扩散系数。

假设（3）基于 Elovich 动力学模型，该模型最早由 Zeldowitsch[154] 在 1934 年提出以用于解释 MnO₂ 表面的 CO 吸附。目前 Elovich 模型广泛用于表征气体在具有异质性的吸附剂表面的化学吸附现象[155]。吸附模型的数学表达式为

$$\frac{\mathrm{d}q}{\mathrm{d}t} = k(q_e - q) \tag{2-20}$$

$$k = \begin{cases} k_a = r_a \left(\dfrac{p_{CO_2}}{p_0} \right)^c, & q_e = q_{e,a} > q \\ k_d = r_d, & q_e = q_{e,d} < q \end{cases} \quad (2\text{-}21)$$

反应速率 r_a 和 r_d 根据阿累尼乌斯公式计算得到：

$$r_a = A_a \exp(-E_a / RT) \quad (2\text{-}22)$$

$$r_d = A_d \exp(-E_d / RT) \quad (2\text{-}23)$$

吸附/解吸活化能 E_a 和 E_d 的计算为

$$E_a = E_a^0 + gq / q_{e,a} \quad (2\text{-}24)$$

$$E_d = E_d^0 - hq / q_{e,a} \quad (2\text{-}25)$$

表 2.3 列出了动力学模型参数的拟合值。

表 2.3　K-MG30 高压吸附/解吸动力学模型参数

参数	拟合值	单位	参数	拟合值	单位
E_a^0	48 933	J/mol	A_d	2475	s^{-1}
E_d^0	153 563	J/mol	a	3.854	—
g	369 374	J/mol	$q_{e,a}$	2	mmol/g
h	264 942	J/mol	$q_{e,d}$	0	mmol/g
A_a	1.837×10^8	s^{-1}			

2.4.2　动力学模型的标定与验证

在 Elovich 型动力学模型中共有 9 个拟合参数：E_a^0、E_d^0、g、h、A_a、A_d、$q_{e,a}$、$q_{e,d}$ 和 c。通过以下步骤可以对这些参数进行标定：首先，假设经过足够长时间后可以实现完全解吸，因此定义 $q_{e,d}$ 为 0。根据实验结果，设定在 30 min 解吸后残留的 CO_2 吸附量为 0.4 mmol/g。h 的值可以通过拟合在 400℃和 1 MPa 下经过 30 min 吸附后的 700 min 解吸曲线得到。然后结合在 300℃时的实验数据可以对 E_d^0 和 A_d 进行拟合。在吸附过程中，定义 $q_{e,a}$ 为 2 mmol/g，这和 K-LDO 的绝对吸附量的实验数据保持一致[93]。重复相似的过程可以得到 E_a^0、g 和 A_a 的值。最后，K-MG30 在 400℃和 0.1～2 MPa 的 CO_2 分压下的 CO_2 吸附量用于标定压力因子 c。

图 2.9 显示了最终的拟合结果，其中图 2.9(a)和(b)分别显示了温度（300～450℃）和压力（0.23～1.65 MPa）对吸附曲线的影响，图 2.9(c)显示了在 1 MPa 下吸附 30 min 和真空解吸 30 min 工况下的可逆等温吸附线，图 2.9(d)显示了 800 min 解吸时间内的解吸性能。当 $t = 0$ 时，设置吸附量

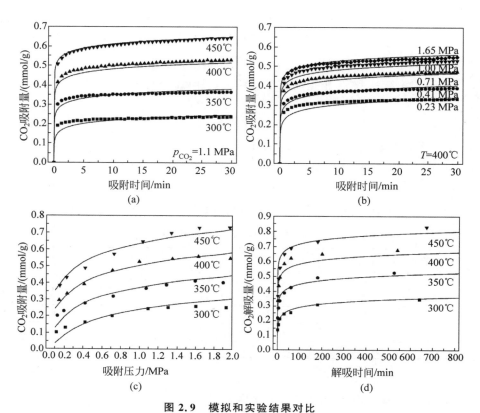

图 2.9   模拟和实验结果对比

（a）温度的影响（300～450℃，1.1 MPa）；（b）压力的影响（0.23～1.65 MPa，400℃）；（c）在
1 MPa 吸附 30 min 和真空解吸 30 min 工况下的可逆等温吸附线；（d）800 min 内的解吸性能
实线代表模拟结果；散点代表实验数据

为 0。就吸附/解吸动力学和总吸附量来说，基于简化模型的模拟结果可以很好地拟合大部分的实验结果。在低温和低压情况下，模型对吸附动力学有轻微的低估。这种误差主要由两个原因导致：第一，为了模型简化，绝对吸附量 $q_{e,a}$ 设置为常数。但是，由于存在负反应热，这个值会随着反应温度的升高而有较小的下降[93]；第二，CO_2 在 K-MG30 上的吸附过程可能比预期中的更加复杂，因此为了精确描述实际吸附过程可能需要多个反应的参与[50,75,93]。

有趣的是，虽然 K-MG30 的 CO_2 吸附热是负值，但是实验和模拟结果都表明以 30 min 吸附/30 min 解吸计算得到的可逆等温吸附线随着温度的升高而上升。在采用静态容量吸附法时，大部分研究者通过逐级增加吸附压力从而获得了整条等温吸附线[65,80,151]。但是在本章中,等温吸附线上每个点的值都经过 30 min 解吸后单独测量得到。因此这种做法可以反映 K-MG30 在该吸附压力下的可逆工作量。如前所述,K-MG30 在无限长时间内的总吸附量会随着温度的增加而轻微下降,而在本模型中这个值被设为常数。实验和模拟结果均表明在 30 min 内吸附和解吸均不能达到平衡。因此温度对等温吸附线的影响可以归结于提升了吸附和解吸动力学,图 2.9(a)和(b)可以清楚地表明这一观点。

2.4.3　温度和压力的影响机制

图 2.10 阐述了 K-MG30 在高压和中温下的 CO_2 吸附特性。和传统的 LDF 模型相比,动力学系数在吸附和解吸过程中发生了改变:当 CO_2 表面覆盖率较低时,吸附动力学常数较大,导致产生了最初的快速吸附段。随着 CO_2 吸附量的增加,k_a 呈现指数型下降趋势,因此在有限的吸附时间内很难完全达到总吸附量。当在解吸模式下时,模型经历了相似的过程。而由于解吸速率慢于吸附速率,因此在第一个吸附/解吸循环之后出现了一部分不可逆吸附量。在一个周期内的运行情况可以用图 2.10(a)中的 a、b、c、d 点进行表示。当增加吸附压力时,吸附动力学常数以幂函数形式增加,a 点向右移动,表明吸附量有所增加;当提高温度时,吸附和解吸动力学常数都从指数函数形式增加,a 点和 c 点都向外移动,因此导致工作吸附量的增加。

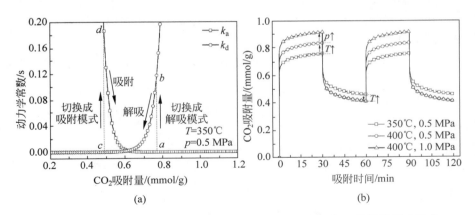

(a)　　　　　　　　　　　　　(b)

图 2.10　吸附温度(a)和压力(b)对 K-LDO 的 CO_2 吸附/解吸特性的影响机理

2.5　本章小结

本章提出了一种基于静态床的吸附剂高压吸附动力学测试方法，并且用于研究 K-MG30 的 CO_2 吸附特性。吸附曲线可以通过测量吸附管压力在吸附过程中随着时间的下降值反算得到。通过控制加入吸附管的样品质量，压力的下降值足够大从而可以确保计算结果的精确性，又足够小以确保操作压力保持相对稳定。本章提出了对温度偏差和气体泄漏的修正，在 300℃下修正后的误差可以被控制为 ±0.03 mmol/g。这种测试方法也可以用于测量其他吸附剂的高压吸附动力学。

使用所建立的测试方法研究了 K-MG30 在 300～450℃ 和 1～2 MPa 的吸附和解吸特性。CO_2 吸附量随着吸附时间的对数呈线性增加，这个规律不能被传统的 LDF 模型解释。当保持吸附压力为 1 MPa 时，K-MG30 的 CO_2 吸附量从 300℃的 0.238 mmol/g 线性增加到了 450℃的 0.642 mmol/g。保持吸附温度为 300℃，当吸附压力从 0.1 MPa 增加到 1 MPa 时，CO_2 吸附量从 0.10 mmol/g 增加到了 0.24 mmol/g。但是，当 CO_2 分压超过 1 MPa 时，继续增加压力对 CO_2 吸附量的提升有限。为了解释实验结果，需要假设吸附和解吸的活化能随着表面 CO_2 覆盖率而改变。解吸动力学远慢于吸附动力学，因此成为影响 K-MG30 在给定吸附温度下工作量的限制因素。本章还建立了一个基于 Elovich 型活化能的 LDF 动力学模型并提出了一套动力学参数的标定程序。该模型可以成功解释温度和压力对吸附和解吸特性的影响、吸附等温线中出现的非常见情况以及在第一次吸附和解吸循环中出现的不可逆吸附量。

第3章 钾修饰镁铝水滑石吸附机理及吸附剂优化

3.1 概 述

第2章阐述了 K-LDO 的中温 CO_2 吸附特性并建立了高压吸附模型,然而吸附剂本身组成的复杂性使得目前有关 K-LDO 的 CO_2 吸附机理仍然存在争议。通过 TGA 实验可以发现在 K_2CO_3 浸渍之前,商业 MG63 在 400℃ 和 0.1 MPa 下具有最高的 CO_2 工作量(0.320 mmol/g)。在浸渍了质量分数为 20% 的 K_2CO_3 后,K_{20}-MG70 具有最高的 CO_2 工作量(0.722 mmol/g)。但是当降低环境中 CO_2 分压时,具有最低 Mg/Al 值的 K_{20}-MG30 具有最好的捕集性能。为了揭示 K_2CO_3 浸渍对 K-LDO 的影响机理,本章使用原位表征技术验证了 K_2CO_3 浸渍(质量分数为 0~40%)和 Mg/Al 值(0.55,2,3)对 K-LDO 吸附 CO_2 的协同作用。研究了样品在 400℃ 的 CO_2 吸附特性,包括工作量、吸附和解吸动力学以及等温吸附线。为了检验 CO_2 吸附机理,K_2CO_3 浸渍样品($K-Al_2O_3$、K-MG30、K-MG70、K-MgO)使用原位 FTIR 进行监测。K-LDO 的 CO_2 吸附位点碱性强度使用程序升温脱附进行(TPD)评估。

原位 FTIR 结果表明 K-LDO 易变的 CO_2 吸附性能可以用两个吸附机理进行解释:当 Mg/Al 值较大时,K_2CO_3 主要以体相的形式存在,并且在吸附 CO_2 时参与反应形成稳定性更高的 K-Mg 双金属碳酸盐;随着 Al 含量的增加,吸附剂上开始出现表面修饰,即 K^+ 和由 Al^{3+} 部分替换 Mg^{2+} 所产生的不饱和氧相互结合,并逐渐成为主要的增强机理。$K-Al_2O_3$、K-LDO 和 K-MgO 在吸附了 CO_2 后主要形成可逆的双齿碳酸盐,而 K-MG30 中还形成了结合力更强的单齿碳酸盐,从而在吸附低分压 CO_2 时具有更加优越的性能。

另一方面,从第2章的结果可以看出商业 LDO 的中温 CO_2 吸附量相对较低,因此不能满足商业化需求。本章提出了一种新方法——有机溶剂洗涤法,(AMOST)用于合成具有更高比表面积的 LDH 前驱体。使用传统法和 AMOST 法合成了三种具有不同 Mg/Al 值(0.55,2,3)的 LDO。对材料的结构、表面性质、形貌和 CO_2 捕集能力进行了系统研究以理解AMOST 对 LDO 的 CO_2 工作量和动力学的提升作用。此外还研究和讨论了 K_2CO_3 浸渍的影响和 K_2CO_3 在改性 LDO 表面的分布。通过实验可以发现有机溶剂处理后的 LDO(Mg/Al 值为 2)在 400℃下具有最高的 CO_2 工作量(0.506 mmol/g),相比于商业 MG63 提高了 63.4%。通过使用有机溶剂洗涤去除层间水,LDH 层板可以被剥离成纳米片,形成花状结构。在经过煅烧后,内表面的暴露增加了有效吸附位点密度。有机溶剂处理后的 LDO 还可以为 K^+ 提供更多的表面修饰位点,从而有利于 K^+ 更好地分散。在浸渍了质量分数为 20% 的 K_2CO_3 后,有机溶剂处理后的 K-LDO(Mg/Al 值为 3)在 400℃下实现了稳定的吸附量 1.069 mmol/g,相比于商业 K-MG70 提高了 22.9%。

3.2　材料合成和表征方法

3.2.1　样品合成方法

本章采用的试剂包括 Al_2O_3(99.7%纯度,中国国药控股化学试剂有限公司),MgO(98.5%纯度,中国国药控股化学试剂有限公司)和三种商业 LDH 前驱体(德国 Sasol 公司):MG30(Mg/Al 值为 0.55)、MG63(Mg/Al 值为 2)、MG70(Mg/Al 值为 3)。典型的合成过程如下:首先,将 10 g 样品加入到 50 mL 包含给定质量 K_2CO_3 的水溶液中,对于非浸渍的样品,使用 50 mL 的去离子(DI)水进行替代;然后将混合物在室温下搅拌 1 h,在 120℃下干燥 3 h;最后使用马弗炉在 450℃下煅烧 3 h。合成后的样品定义为 K_A-B,其中 A 代表 K_2CO_3 负载量(质量分数为 10%、20%、30% 或 40%),B 代表前驱体(Al_2O_3、MgO、MG30、MG63 或 MG70)。水洗过程为:将煅烧后的样品使用 DI 水冲洗直到 pH 为 7,随后重新干燥和煅烧。水洗后的样品定义为 K_A-B(w)。

3.2.2　材料表征方法

采用反射模式的 PANalytical X'Pert Pro 型衍射仪进行粉末 XRD 分析,使用 Cu K$_\alpha$ 辐射和 40 kV × 40 mA 强度。每隔 0.02°步长记录 3°~70°

的衍射峰。在 77 K 下 N_2 的吸附和解吸等温线使用美国 Micromeritics 公司的 TriStar II plus 型设备。样品的比表面积 S_{BET} 和平均孔径 D_p 使用 BET 方法进行计算,孔径为 $2 \sim 90$ nm 的孔容 V_p 使用 Barrett-Joyner-Halenda(BJH)解吸法进行计算。微孔孔容 V_{micro} 使用 T-plot 法进行计算。测试之前,样品在 110℃ 脱气 12 h。材料的表面形貌使用配备能谱仪(EDS)的 MERLIN 型紧凑型扫描电子显微镜(SEM)进行表征。实验之前对样品粉末进行喷铂处理。同时使用 JEOL 2100 型透射电子显微镜(TEM)在 200 kV 下观察样品的微观结构。在使用 TEM 时,使用传统法和 AMOST 法合成的样品分别分散在去离子水(DI 水)和丙酮中,并且使用超声波处理 15 min,然后滴到铜片上进行观察。样品的热分解行为使用 TGA/DSC 1 型设备(Mettler Toledo 公司)TGA 和热重差热分析(DTG)进行测定。约 20 mg 的样品放置在刚玉坩埚上,在 100 mL/min 的 N_2 气氛下以 10℃/min 的加热速率从室温加热到 450℃。

3.2.3　CO_2 吸附性能评价方法

CO_2 吸附/解吸特性使用 Q600 型 TGA(美国 TA 热分析仪器公司)进行评估。分析之前,将约 15 mg 吸附剂放置在微量天平上,并且在 100 mL/min 的 N_2 气氛下 450℃ 原位煅烧 1 h 以防止样品暴露在空气中时发生由于"记忆效应"导致的重构[69]。实验时,将加热炉的温度设置为测试温度(400℃)。在样品质量达到稳定后,进口气体从 N_2 切换成 CO_2 进行吸附,随后切换回 N_2 进行解吸。分析过程中使用 300 mL/min 的进气流量减少由于系统死体积导致的驱替效应[156]。使用 3H-2000PH 吸附仪(北京贝士德公司)测试样品在 $0 \sim 0.1$ MPa 和 400℃ 时的 CO_2 等温吸附线。测试采用 $2 \sim 5$ g 样品和静态容量法[157]。样品的 CO_2 工作量 q_{CO_2} 根据样品在吸附和解吸过程中质量的变化计算得到:

$$q_{CO_2} = (|\Delta m_{ads}| + |\Delta m_{des}|)/(2M_{CO_2} m_{sample}) \tag{3-1}$$

其中,Δm_{ads} 和 Δm_{des} 分别代表在吸附/解吸过程中被吸附和解吸的 CO_2 质量(g),M_{CO_2} 代表 CO_2 分子质量(mmol/g),m_{sample} 代表样品初始质量(g)。该方法最初由 Coenen 等[74,82,158-159]提出,可以综合考虑吸附量和解吸量,因此相比于只采用 CO_2 吸附量,此方法更适合用来评价 PSA 过程中的循环性能。

3.2.4　CO_2 吸附机理原位测试方法

采用 Bruker Tensor 27 型红外分析仪(德国 Bruker Optik 公司)进行

原位 FTIR 实验,其中分辨率为 4 cm^{-1},扫描次数为 32。实验之前,首先将样品粉末压成直径为 13 mm,厚度为 12 mg/cm^2 的圆片。然后将样品放入定制的不锈钢样品室(可承受最高工作温度 1000℃),采用 KBr 窗口,并且在 60 mL/min 的 He 气氛下 450℃原位煅烧 1 h。冷却至 400℃之后,先通入 CO$_2$ 进行 1 h 的吸附再切换成 He 进行 1 h 的解吸,并且记录吸附/解吸过程中的 IR 光谱。通过扣除最初样品峰可以获得红外差谱。

采用 Q600 型 TGA 进行 CO$_2$-TPD 实验。在 450℃煅烧后,将温度调整到 400℃并且将入口气体切换成 100 mL/min 的 CO$_2$ 持续通气 1 h。随后,将温度降到室温,并且将入口气体再次切换成相同流量的 He 持续30 min 以除去物理吸附的 CO$_2$。通过以 10℃/min 的升温速率将温度升至800℃可以获得 CO$_2$-TPD 曲线。采用相同的程序但没有 CO$_2$ 吸附步骤可以获得热分解曲线。

3.3　K$_2$CO$_3$ 浸渍对镁铝水滑石 CO$_2$ 吸附的增强机理

3.3.1　钾修饰镁铝水滑石材料表征

图 3.1(a)显示了 K$_{20}$-Al$_2$O$_3$、K$_{20}$-MG30、K$_{20}$-MG63、K$_{20}$-MG70 和 K$_{20}$-MgO 的 XRD 衍射峰,图 A.1(附录信息,下同)显示了 Al$_2$O$_3$、K$_2$CO$_3$ 和 MgO 的 XRD 衍射峰。结果表明 K$_{20}$-MgO 在煅烧后可以保持较好的 MgO 晶型结构,而所有的 K-LDO 由于层板结构的坍塌形成了一种无定型结构,只具有微弱的 MgO 布拉格反射[66]。随着 Al 含量的增加,K-LDO 的 MgO 布拉格反射峰向更高的 2θ 角移动,这一点证明了八面体 MgO 结构中的 Mg^{2+} 部分被 Al^{3+} 替换。此外,在 K$_{20}$-MgO 衍射峰中可以观察到更加明显的体相 K$_2$CO$_3$ 峰的存在,这可能是因为较好的晶体结构减少了 K$_2$CO$_3$ 在样品表面的化学结合和分散。

图 3.1(b)和(c)分别显示了通过 71℃下的 N$_2$ 吸附/解吸等温吸附线计算得到的非浸渍和浸渍后样品的比表面积和孔容。根据 IUPAC 分类,所有样品显示了Ⅳ型等温吸附线,该结论符合文献中的描述[68,156]。在较高压力下,浸渍前、后的 LDO 和 MgO 不存在吸附极限,这是带有裂隙状孔的似片状颗粒所拥有的 H3 型滞后回线。Al$_2$O$_3$/K-Al$_2$O$_3$ 具有 H4 滞后回线,这主要是带有狭缝型多孔材料的主要特征。

表 3.1 列出了材料的质构特性,包括比表面积、平均孔径和孔容。正如

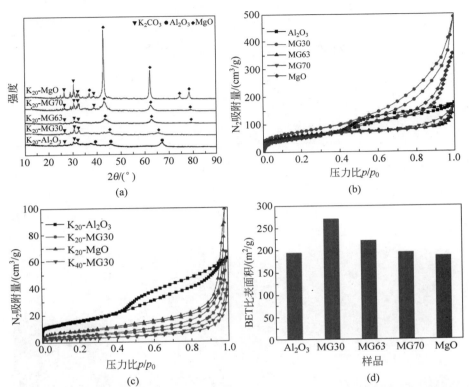

图 3.1　质量分数为 20% 的 K₂CO₃ 浸渍后样品在 450℃ 煅烧后的 XRD 结果(a),无浸渍样品的 N₂ 吸附-解吸等温线(b),K₂CO₃ 浸渍后样品的 N₂ 吸附-解吸等温线(c)和无浸渍样品的 BET 比表面积(d)

预期一样,所有样品都属于介孔材料,只有非常有限的微孔孔容。有意思的是,LDO 的比表面积随着 Al 含量的增加而增加,这可能表明 Mg^{2+} 部分替换成 Al^{3+} 可以在八面体 MgO 结构中引入更多的缺陷(见图 3.1(d))。在浸渍 K_2CO_3 后,所有样品的比表面积和孔容都快速减少,这是由于 K_2CO_3 的引入造成了尺寸较小的孔的堵塞[160]。

表 3.1　样品的质构特性

样　品	$S_{BET}/(m^2/g)$	D_p/nm	$V_p/(cm^3/g)$	$V_{micro}/(cm^3/g)$
Al_2O_3	193	5.6	0.329	0.000
MG30	270	11.2	0.792	0.000
MG63	221	4.5	0.231	0.094
MG70	194	5.2	0.252	0.084

续表

样　品	$S_{BET}/(m^2/g)$	D_p/nm	$V_p/(cm^3/g)$	$V_{micro}/(cm^3/g)$
MgO	186	11.7	0.601	0.000
K$_{20}$-Al$_2$O$_3$	56	6.9	0.105	0.000
K$_{20}$-MG30	17	24.2	0.106	0.000
K$_{20}$-MgO	29	21.2	0.157	0.000
K$_{40}$-MG30	10	26.2	0.068	0.000

　　图 A.2 和图 3.2 分别显示了 Al$_2$O$_3$、MG30、MG63、MG70 和 MgO 在浸渍 K$_2$CO$_3$ 之前和之后的 SEM 和 EDS 结果。可以发现浸渍 K$_2$CO$_3$ 后的样品具有裂缝状形貌,很好地符合 N$_2$ 等温吸附线的结果。在浸渍 K$_2$CO$_3$ 后,一个明显的不同是在样品的表面出现了一些针状物质,并且当增加 K$_2$CO$_3$

(a)　　　　　　　　　　　　　　　　(b)

(c)　　　　　　　　　　　　　　　　(d)

图 3.2　**Al$_2$O$_3$、MG30、MG63、MG70 和 MgO 在浸渍 K$_2$CO$_3$ 之前和之后的 SEM 和 EDS 结果**（见文前彩图）

（a）K$_{20}$-Al$_2$O$_3$；（b）K$_{20}$-MG30；（c）K$_{40}$-MG30；（d）K$_{20}$-MG63；（e）K$_{20}$-MG70；
（f）K$_{20}$-MgO 的 SEM 形貌和 K 元素分布

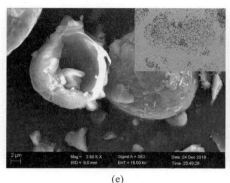

(e)　　　　　　　　　　　　　　　　　(f)

图 3.2　（续）

负载量时针状物质更明显（见图 3.2(c)）。其他研究者也发现了类似的针状物质，并且确定为体相 K_2CO_3[75,161]。另一方面，EDS 的结果表明 K 元素不只局限在体相中，而是分布在整个颗粒表面。因此，可以推测浸渍的 K_2CO_3 同时也参与了表面改性。

3.3.2　钾修饰镁铝水滑石 CO_2 吸附/解吸性能

图 3.3 显示了 Al_2O_3、LDO 和 MgO 在 K_2CO_3 浸渍之前和之后的 CO_2 工作量。在浸渍之前，相比于 Al_2O_3 和 MgO，LDO 在 400℃ 下具有更高的 CO_2 工作量（见图 3.3(a)）。虽然 Mg-O 被认为是 MgAl-CO_3 的主要 CO_2 吸附位[81]，但是纯 MgO 在中温下由于具有较慢的动力学和 300℃ 以上较高的 CO_2 热力学平衡分压，因此具有极低的工作量[162]。另一方面，可以判定 Al-O 位点不是 LDO 的主要 CO_2 吸附位，因为纯 Al_2O_3 具有最低的 CO_2 工作量。因此，有理由相信 Al^{3+} 的引入可以改变 LDO 中 Mg-O 位点的吸附特性，使其更加容易和 CO_2 发生反应。在三种 LDO 中，具有 Mg/Al 值为 2.17 的 MG63 具有最高的工作量（0.320 mmol/g）。事实上，前期工作报道了 LDO 对 CO_2 吸附量的影响具有相同的结论[46]。考虑到三种 LDO 具有相似的 CO_2 吸附/解吸动力学（在之后会详细论述），图 3.3(a) 的结果可以认为很好地符合文献中的实验结果。随着将 Mg/Al 值进一步降到低于 2.17，CO_2 吸附量会随之减少，这可能是由 Mg-O 总吸附位点数量的减少而引起的。图 3.3(b) 显示了 K_2CO_3 负载量对 CO_2 工作量的影响。在浸渍了质量分数为 20% 的 K_2CO_3 后，K_{20}-MG30 达到了最高的 CO_2 工作量（0.624 mmol/g）。进一步提高 K_2CO_3 的负载量会导致 CO_2 工作量

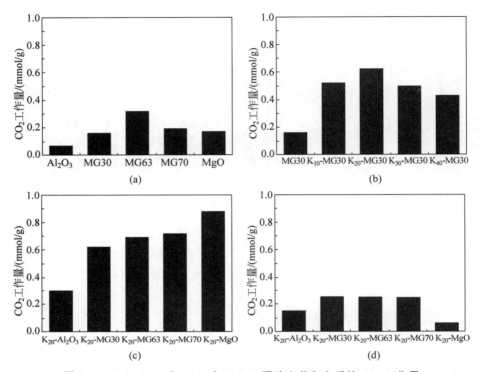

图 3.3 Al$_2$O$_3$ LDO 和 MgO 在 K$_2$CO$_3$ 浸渍之前和之后的 CO$_2$ 工作量

（a）不同 Mg/Al 值的样品；（b）不同 K$_2$CO$_3$ 浸渍量的 MG30；（c）不同 Mg/Al 值的质量分数为 20％的 K$_2$CO$_3$ 浸渍后样品；（d）质量分数为 20％的 K$_2$CO$_3$ 浸渍后样品在 0.001 MPa 的 CO$_2$ 分压下在 400℃时的 CO$_2$ 工作量

降到 0.430 mmol/g（质量分数为 40％），这是由于 K$_2$CO$_3$ 的引入导致了 LDO 介孔的堵塞（见表 3.1）。因此，本节将 K$_2$CO$_3$ 的负载量（质量分数）固定为 20％。

图 3.3（c）显示了在 K$_2$CO$_3$ 浸渍后，所有样品的 CO$_2$ 工作量相比浸渍之前都有 2～5 倍的提升。不同于非浸渍的样品，CO$_2$ 吸附量显示出和 Mg-O 吸附位点数量存在正相关关系。拥有最高 Mg 含量的 K$_{20}$-MgO 具有最高的 CO$_2$ 工作量（0.883 mmol/g）。在浸渍碱金属碳酸盐后，LDO 在 CO$_2$ 捕集能力上的提升经常被研究者们报道[163]。表 3.2 对比了本章和文献中有关 LDO 和 K-LDO 的 CO$_2$ 吸附量的对比。考虑到碱金属碳酸盐在中温下没有任何的 CO$_2$ 吸附量（见图 A.3），K$_2$CO$_3$ 浸渍后 LDO 性能的提升机理值得进一步探讨。

表 3.2　在温度 T 和 CO_2 分压 p_{CO_2} 下 K_2CO_3 浸渍前、后 LDO 的 CO_2 吸附量对比

样　　品	w_{doping} [*] /%	T/℃	p_{CO_2} /MPa	q [**]/(mmol/g)		参考 文献
				浸渍前	浸渍后	
K-MG30	35.35	403	0.04	0.083(含水)	0.76(含水)	[75]
K-Mg$_2$Al-CO$_3$	20	450	0.11	0.28	0.77	[163]
K-MG70	35	400	0.1	0.13	0.68	[160]
K-Mg$_3$Al-硬脂酸盐	12.5	300	0.1	1.01	1.93	[83]
K-Mg$_3$Al-CO$_3$	20	200	0.1	0.53	0.81	[70]
K-MG30	20	400	0.1	0.18	0.75	本书
K-MG63	20	400	0.1	0.36	0.81	本书
K-MG70	20	400	0.1	0.22	0.83	本书

　*　w_{doping} 代表 K_2CO_3 浸渍质量分数。

　**　q 代表 CO_2 吸附量。

随后,在入口气体为 1% CO_2 和 99% N_2 的情况下测量 K_{20}-Al_2O_3、K_{20}-LDOs 和 K_{20}-MgO 的 CO_2 工作量。如图 3.3(d)所示,尽管 K_{20}-MgO 在 0.1 MPa 下具有最高的 CO_2 工作量,当降低 CO_2 分压后 CO_2 工作量急剧下降。与之相反,具有最低 Mg/Al 值的 K_{20}-MG30 具有最高的 CO_2 工作量(0.252 mmol/g)。在制备和净化高纯 H_2 用于燃料电池时,可逆吸附/解吸微量 CO_2 的能力至关重要[55]。这个结果表明,K-LDO 的 CO_2 吸附位点碱性在很大程度上依赖 Mg/Al 值和 K_2CO_3,尤其是 Mg^{2+} 部分替代成 Al^{3+} 耦合 K_2CO_3 浸渍可能可以生成结合力更强的 CO_2 吸附位点,在吸附 CO_2 后具有更高的热力学稳定性。

归一化的 CO_2 吸附曲线用于分析样品在 400℃时的 CO_2 吸附/解吸动力学(见图 A.4)。所有的无浸渍样品具有相似的归一化动力学,在 60 min 内具有 80% 的解吸比(除 Al_2O_3 具有较快的初始解吸速率外)。在浸渍 K_2CO_3 后,K_{20}-Al_2O_3 和 K_{20}-MgO 的吸附动力学增加并且在 20 min 内达到吸附平衡,而 K-LDO 的 CO_2 吸附在整个吸附过程中持续进行。由于吸附位点的异质性,K-LDO 的 CO_2 吸附可以使用 Elovich 型吸附动力学进行描述[68]。浸渍样品的解吸曲线表明 CO_2 在具有较高 Al 含量的 K-LDO 中更难解吸,这个结论符合图 3.3 中的结果。

图 3.4 显示了 K_{20}-Al_2O_3、K_{20}-MG30 和 K_{20}-MgO 在 0～0.1 MPa 时的 CO_2 等温吸附线。吸附剂在高压区和低压区的 CO_2 工作量之间的关系与图 3.3(c)和(d)中 TGA 的结果保持一致。在 0～0.08 MPa 时,K_{20}-MgO

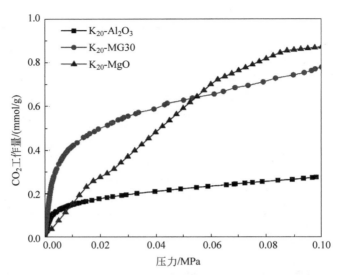

图 3.4 K$_{20}$-Al$_2$O$_3$、K$_{20}$-MG30 和 K$_{20}$-MgO 在 400℃ 下，0~0.1 MPa 时的 CO$_2$ 等温吸附线

的 CO$_2$ 工作量快速增加，而增加的速率在 0.08 MPa 之后开始下降。考虑到 MgO 在 0.1 MPa 时的热力学均衡温度为 303℃（见图 A.5），在 0.08 MPa 下 CO$_2$ 工作量的快速增加表明经过 K$_2$CO$_3$ 浸渍后 CO$_2$ 热力学平衡分压发生了改变。

3.3.3　钾修饰镁铝水滑石 CO$_2$ 吸附原位红外表征

本节采用原位 FTIR 实验对 K-LDO 中 K$_2$CO$_3$ 浸渍和 Mg/Al 值的作用进行更加深入的分析。图 A.6 显示了在经过 450℃ 煅烧后，K$_{20}$-Al$_2$O$_3$、K$_{20}$-LDO 和 K$_{20}$-MgO 的 IR 光谱。所有样品在 1300~1633 cm^{-1} 具有一个较宽的吸收光谱带，这是由表面碳酸盐的 ν_3 伸缩振动和体相 K$_2$CO$_3$ 的 $2\nu_2$ 伸缩振动（1443 cm^{-1}）重叠导致的。1414 cm^{-1} 处的振动归因于自由碳酸根离子的 ν_3 伸缩振动。在耦合了金属离子后，由于碳酸盐表面重构降低了对称性，ν_3 伸缩光谱带分裂成两个峰[98]。在浸渍 K$_2$CO$_3$ 后，1744 cm^{-1} 处振动的出现可以归因于体相 K$_2$CO$_3$ 的 ν_3 伸缩振动。体相 K$_2$CO$_3$ 的存在很好地符合图 3.1(a) 中 XRD 的结果。

图 3.5 和图 A.7 显示了在扣除初始样品 IR 光谱后，经过质量分数为 20% 的 K$_2$CO$_3$ 浸渍前、后，样品在 400℃ 时进行 CO$_2$ 吸附/解吸时的 IR 差谱。表 3.3 列出了文献中和本章中 K$_2$CO$_3$ 浸渍的样品的 IR 谱带。在 K$_2$CO$_3$ 浸

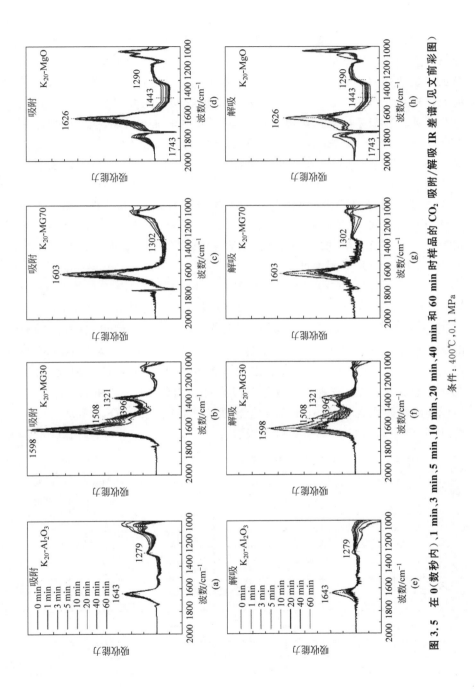

图 3.5　在 0（数秒内）、1 min、3 min、5 min、10 min、20 min、40 min 和 60 min 时样品的 CO_2 吸附/解吸 IR 差谱（见文前彩图）

条件：400℃、0.1 MPa

渍之前,所有样品都具有非常微弱的双齿碳酸盐振动和相似的 $\Delta\nu$（372～389 cm^{-1}）。MgO 样品中还有一对额外的振动（$\Delta\nu$ 为 295 cm^{-1}）,属于结合力更强的双齿碳酸盐。在 K_2CO_3 浸渍后,由于 CO_2 吸附量的增加,可以更加清楚地观察到 IR 差谱。对于 K_{20}-MgO,在 1626 cm^{-1} 和 1290 cm^{-1} 处的振动（$\Delta\nu$ 为 336 cm^{-1}）可以归属于双齿碳酸盐的非对称和对称伸缩。这些振动峰在吸附后立刻出现,随着吸附时间的增加而增加,但是增加速率有所下降,并且在 60 min 解吸后仍能被观察到。这和 CO_2 吸附量的变化保持一致。有意思的是,在体相 K_2CO_3 特征振动附近出现负峰,这表明一些体相 K_2CO_3 参与了 CO_2 吸附反应。这和原位 XRD 的结果保持一致,即 MgO 在浸渍了 K_2CO_3 之后吸附量的增加主要是由于形成了具有更高热稳定性的 K-Mg 双盐（见式（3-2)）[164-165]。事实上,Duan 等[166]使用第一性原理计算了 K_2CO_3 浸渍的 MgO 的热力学平衡,发现混入金属碳酸盐可以增加纯 MgO 的 CO_2 吸附温度。

$$K_2CO_3 + MgO + CO_2 \Longleftrightarrow K_2Mg(CO_3)_2 \tag{3-2}$$

与 K_{20}-MgO 相似,在 K_{20}-Al_2O_3 的差谱中也观察到了位于 1643 cm^{-1} 和 1279 cm^{-1} 处的双齿碳酸盐振动峰。由于较低的 CO_2 吸附量,这些振动峰的强度相比于 K_{20}-MgO 更弱。ν_3 振动的 $\Delta\nu$ 为 364 cm^{-1},大于 K_{20}-MgO 但是小于纯 Al_2O_3[167]。此外没有发现体相 K_2CO_3 处的负峰。因此,对于 Al_2O_3 来说,K_2CO_3 浸渍的促进作用只来自表面修饰。K^+ 和 Al_2O_3 反应形成新的吸附位点,和具有较低极化能的 K^+ 的耦合增加了 ν_3 振动的对称性,因此该位点对 CO_2 具有更高的吸引力。

表 3.3　K_2CO_3 浸渍后样品的 IR 特征波段　　　单位：cm^{-1}

类型	K-Al₂O₃		K-MG30		K-MG63		K-MG70		K-MgO		参考文献
	ν_{3as}	ν_{3s}	ν_{3as}	ν_{3s}	ν_{3as}	ν_{3s}	ν_{3as}	ν_{3s}	ν_{3as}	ν_{3s}	
单齿			1508	1398							本书
双齿	1643	1279	1598	1321			1603	1302	1626	1290	
单齿							1510	1385			[97]
双齿							1600	1347			
单齿											[98]
双齿	1560	1362			1560	1370					
单齿											[99]
双齿							1572	1323			
单齿											[100]
双齿							1570	1335			

K_{20}-MG70 中出现了 1603 cm^{-1} 和 1302 cm^{-1} 的双齿碳酸盐振动谱带,其 $\Delta\nu$ 为 301 cm^{-1},低于 Al-O 和 Mg-O 吸附位中的值但是高于 K-O 吸附位[99],表明 K^+ 和 MG70 的表面位点反应形成了 K-O-Mg 吸附位点。相比于具有较完美晶体结构的 MgO,由于 Mg^{2+} 部分被 Al^{3+} 替代和煅烧过程中 Al^{3+} 逃离晶格位点,因此 MG70 中具有更多的不饱和氧[75]。这些证据表明 K^+ 更加容易和 K_{20}-MG70 中不饱和氧反应形成 K-O-Mg 吸附位点。另外,K_{20}-MG70 中也出现了体相 K_2CO_3 的负峰,表明 K_2CO_3 对 MG70 吸附量的增强机理可能是表面改性和体相 K_2CO_3 参与反应的共同结果。为了验证这个猜想,对煅烧后进行洗涤的两组样品 K_{20}-MG70(w) 和 K_{20}-MgO(w) 的 CO_2 工作量进行测试,并且与 K_{20}-MG70 和 K_{20}-MgO 进行对比(见图 3.6)。如预期一样,两种样品的工作量由于体相 K_2CO_3 的损失都有所下降。但是,K_{20}-MG70(w) 工作量的损失比(44.7%)要低于 K_{20}-MgO(w)(68.3%),并且 K_{20}-MG70(w) 的工作量(0.399 mmol/g)仍远高于相应的未修饰样品(0.195 mmol/g)。图 3.7 显示的 K_{20}-MG70(w) 和 K_{20}-MgO(w) 的 IR 差谱结果表明经过水洗后体相 K_2CO_3 处的负峰消失了,只形成双齿碳酸盐,并且对于 K_{20}-MG70(w),其 $\Delta\nu$ 扩大到了 350 cm^{-1},对于 K_{20}-MgO(w) 扩大到了 363 cm^{-1}。然而,$\Delta\nu$ 仍然小于 MG70(385 cm^{-1}),表明相比于未进行浸渍的样品,K-LDO 在水洗后增强的工作量是由和吸附位点形成较强的结合力的残留 K^+ 的表面改性导致的。

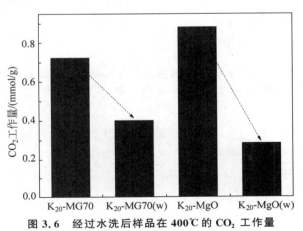

图 3.6　经过水洗后样品在 400℃ 的 CO_2 工作量

相比于 K_{20}-MG70,具有更高 Al 含量的 K_{20}-MG30 的吸附差谱更加复杂。除典型的双齿碳酸盐谱带(1598 cm^{-1} 和 1321 cm^{-1})外,还在 1508 cm^{-1} 和

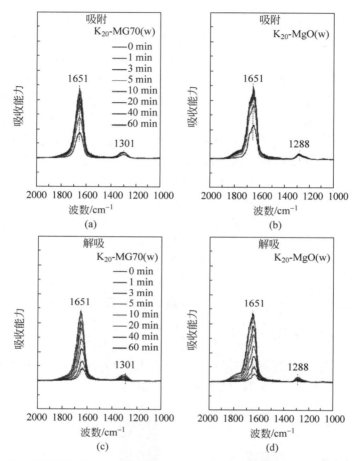

图 3.7　在 0（数秒内）、1 min、3 min、5 min、10 min、20 min、40 min、60 min 时水洗后样品的 CO₂ 吸附/解吸 IR 差谱（见文前彩图）

条件：400℃,0.1 MPa

$1396~cm^{-1}$ 处出现了振动。这对振动可以归因于结合力更强的单齿碳酸盐的不对称和对称振动。单齿碳酸盐对应的吸附位点的形成可能可以用来解释 K_{20}-MG30 在低 CO_2 分压下所具有的高吸附量。此外,在体相 K_2CO_3 处没有发现负峰,说明表面改性是 K_{20}-MG30 的主要吸附增强机理。

　　通过 CO_2-TPD 可以对比 K_{20}-MG30、K_{20}-MG70 和 K_{20}-MgO 的碱性强度（见图 3.8）。由于样品在 450℃ 后可能发生分解,加热过程中真实的 CO_2 解吸曲线为 CO_2-TPD 和热分解曲线的差值。如预期一样,K-LDO 的 CO_2 解吸曲线峰值随着 Al 含量的增加向高温区移动,代表生成了碱性更强的

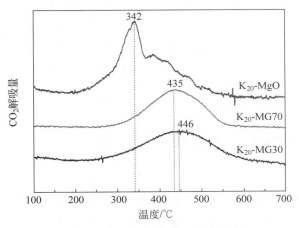

图 3.8　CO$_2$-TPD 和热分解曲线的差值

CO$_2$ 吸附位。由于低碱性（双齿碳酸盐）和强碱性（单齿碳酸盐）吸附位点的存在，可以发现 K$_{20}$-MG30 的峰宽大于 K$_{20}$-MgO 和 K$_{20}$-MG70。

3.3.4　K$_2$CO$_3$ 浸渍和 Mg/Al 值的协同机理

综合以上结果，K-LDO 的吸附机理可以使用图 3.9 进行阐述。

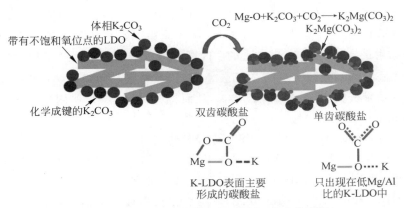

图 3.9　K-LDO 可能的 CO$_2$ 吸附路径（见文前彩图）

K$_2$CO$_3$ 浸渍对 LDO 的 CO$_2$ 工作量的增强作用由表面改性和体相 K$_2$CO$_3$ 参与反应共同导致。在具有较高 Mg/Al 值的 K-LDO 中，煅烧后 MgO 型晶体结构可以得到保存，因此更加容易形成体相 K$_2$CO$_3$。在 CO$_2$ 吸附过程中，体相 K$_2$CO$_3$ 参与反应形成具有更高热稳定性的 K-Mg 双碳酸盐。当降低 Mg/Al 值时,Mg^{2+} 部分替代 Al^{3+} 可以在 K-LDO 表面形成更多的不饱和氧。不饱和氧然后和浸渍的 K$^+$ 反应,形成具有碱性更强的 K-O-Mg 吸附位。在 K-LDO 表面吸附的 CO$_2$ 主要形成可逆的双齿碳酸盐。但是,当进一步降低 Mg/Al 值时也可以在 K-LDO 表面形成单齿碳酸盐,从而可以在极低浓度下捕集 CO$_2$。

3.4   有机溶剂洗涤法制备高性能水滑石吸附剂

3.4.1   有机溶剂洗涤法

一般来说,LDO 和 K-LDO 在 200～400℃时的 CO$_2$ 吸附量分别只有 0.5 mmol/g 和 0.8 mmol/g[70],因此并不足以推广到商业应用。LDO 较低 CO$_2$ 吸附量的原因之一是结构的高度堆叠从而形成的类石头状形貌,这种形貌导致了相对较低的表面积。为了暴露更多的表面位点,王强等[168]在 Mg$_3$Al-CO$_3$ 层板间插层了长碳链和低分解温度的有机阴离子,将层间距从 0.78 nm 扩大到了 3.54 nm。在煅烧后,有机阴离子分解导致层状结构的坍塌,从而形成了无序的微结构并生成了具有较低结晶度和较小颗粒直径的层状结构。Mg$_3$Al-硬脂酸盐在 200～400℃ 的 CO$_2$ 吸附量达到了 1.15～1.25 mmol/g,是 Mg$_3$Al-CO$_3$ 的两倍。之后,他们还研究了有机阴离子碳链长度对 CO$_2$ 吸附量的影响,并且证明了碳数从 8 增加到 16 时,CO$_2$ 吸附量持续增加[169]。扩大的层间距还可以增加碱金属离子扩散进入层间和隐藏的碱性位点反应的机会。例如,李爽等[83]在 Mg$_3$Al-硬脂酸盐中引入质量分数为 12.5% 的 K$_2$CO$_3$,从而将 300℃的 CO$_2$ 吸附量提升到了 1.93 mmol/g,是 K-Mg$_3$Al-CO$_3$ 的 1.7 倍。

另外一种增加比表面积的可行途径是使用自下而上法或自上而下法将 LDH 直接剥离成层状结构或者纳米片[170]。但是,由于较高的表面电荷和亲水性,剥离后的 LDH 片在干燥后容易重新堆叠[171]。为了稳定剥离 LDH 片,Garcia-Gallastegui 等[172]采用氧化石墨烯(GO)作为载体。带有正电荷的 LDH 片可以较好地分散在带有负电荷的 GO 薄片上,形成单面叠层或者双面叠层结构。通过引入质量分数为 7% 的 GO,LDO/GO 混合物的 CO$_2$ 吸附量可以提升 62%。近期 O'Hare 课题组报道了另外一种可行的方法,可以简单地将 LDH 剥离成片状结构并且不引入载体,该方法被称为有机溶剂洗涤法(AMOST)[171,173]。AMOST 法的思路是在共沉淀合成过程中引入丙酮和乙醇等 AMO 溶剂来洗涤 LDH 泥浆从而带走层间水。引入的溶剂随后在真空中干燥挥发，从而使 LDH 片之间更容易产生相对滑动。AMOST 可以将 LDO 剥离成纳米薄片甚至单层。例如，在使用 AMOST（丙酮洗涤）后，Zn_2Al-borate 拥有极高的比表面积（458.6 m^2/g）和较大的孔容（2.15 cm^3/g）[171]。此外研究了组分、合成 pH 和 AMO 溶剂种类对 AMO 洗涤后 LDO（AMO-LDO）物理性能的影响[173]。AMOST 也可以用来合成核-壳结构材料，使用二氧化硅或者沸石为核材料，LDO 为壳材料。这类材料具有优越的催化性能[174]。至今，有关 AMO-LDO 应用于 CO_2 捕集的研究还未有报道。

本节探索使用有机溶剂洗涤法增强 LDO 的 CO_2 吸附性能的方法。所有 LDH 前驱体均采用共沉淀法进行合成，所有的化学试剂，包括 $Mg(NO_3)_2$·$6H_2O$(AR)、$Al(NO_3)_3$·$9H_2O$(AR)、Na_2CO_3(AR)、NaOH(AR)、丙酮（99.8％纯度）和 K_2CO_3(AR)都购自 Sigma-Aldrich 有限公司并且未经处理直接使用。使用传统法合成 LDH(C-LDH)的方法如下：将含有 1 mol/L 总金属离子的 $Mg(NO_3)_2$·$6H_2O$ 和 $Al(NO_3)_3$·$9H_2O$ 溶液（100 mL）在剧烈搅拌的情况下加入 100 mL 的 0.5 mol/L 浓度 Na_2CO_3 水溶液中，加入速率为 100 mL/h；Mg/Al 值与德国 Sasol 公司的商业 MG30（Mg/Al 值为 0.55）、MG63(Mg/Al 值为 2)和 MG70(Mg/Al 值为 3)保持一致；滴加 4 mol/L 的 NaOH 水溶液将 pH 控制在 10.0±0.1；随后将悬浮液在室温和 500 r/min 搅拌速率下老化 16 h；之后将混合物进行过滤并使用 DI 水洗涤至 pH 为 7。对于 AMO-LDH 来说，在 LDH 泥浆干燥之前使用 1000 mL 的丙酮进行冲洗，冲洗后的 LDH 固体重新分散到 600 mL 的丙酮中，并且在 800 r/min 的转速下搅拌 4 h，然后再次使用 400 mL 的丙酮洗涤后过滤。两类 LDH 最终都在真空箱中干燥 12 h。

使用浸渍法合成 K_2CO_3 掺杂的 LDH(K-LDH)。首先，0.8 g 的 K_2CO_3 溶解在 15 mL 的 DI 水中，然后向溶液中加入 4 g 的 LDH。将悬浮液静置 3 h 后在 105℃下干燥 12 h。LDO/K-LDO 使用非原位煅烧法合成，将 LDH/K-LDO 前驱体放置在马弗炉中并于 450℃下煅烧 3 h。图 3.10 简单阐述了本章中的合成方法。

为了方便，将合成的样品命名为 K-Mg_xAl-CO_3-T(c)，其中 x 代表 Mg/Al 值，T 代表合成方法，w 代表水洗，a 代表丙酮洗，可选的 K 代表 K_2CO_3 浸渍处理，(c)代表煅烧处理。

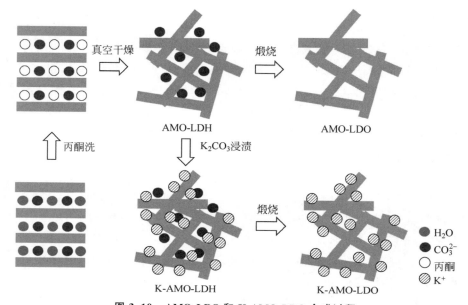

图 3.10 AMO-LDO 和 K-AMO-LDO 合成过程

3.4.2 AMOST 对水滑石材料形貌的影响

图 3.11(a)的 XRD 结果表明实验成功合成了 C-LDH 和 AMO-LDH。所有样品都显示了典型的 LDH 衍射峰,经过煅烧后形成了只含有 MgO 弱峰的 LDO 衍射峰(见图 3.11(b))。在经过 AMOST 后 LDH 的峰位没有发生改变。当将 Mg/Al 值从 3 降到 2 时,C-LDH 和 AMO-LDH 的 003 峰从 11.43° 移动到了 11.63°,006 峰从 22.86° 移动到了 23.28°,这是由于更高的电荷密度缩短了层间距。当进一步降低 Mg/Al 值到 0.55 时,没有发现明显的峰位移动,但是在 20° 左右出现了一些小峰。因此,推测 Mg₀.₅₅Al-CO₃ 为 Mg/Al 值接近 2 的 LDH 和含 Al 杂质的混合物。在经过煅烧后,杂质分解成 Al₂O₃,并且均匀分散在 LDO 相中。

图 3.11 展示的信息可以证明 C-LDH 和 AMO-LDH 的性质存在不同[173]。首先,AMO-LDH 的 003 峰高和 006 峰高相比 C-LDH 更小,表明 AMOST 降低了 LDH 的结晶度并且使它更容易形成无定型结构。衍射峰并没有像丙酮洗的 Mg₃Al-borate 一样完全消失[171],可能是因为 CO₃²⁻ 显现出了和 LDH 层板更强的结合力。其次,图 A.8(Mg/Al 值为 0.55 和 0.2)和图 3.11(c)(Mg/Al 值为 3)显示了 LDH 和 LDO 的 N₂ 等温吸附线和孔分

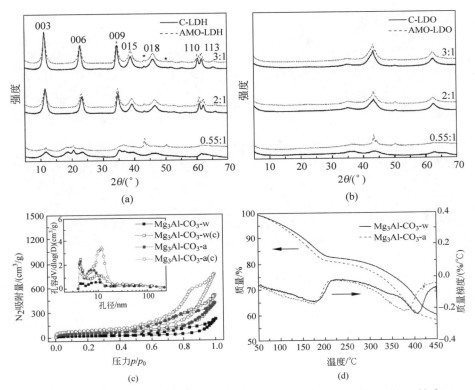

图 3.11 LDH 的 XRD 结果（Mg/Al 值为 0.55、2 和 3；＊为样品架的反射峰）（a），LDO 的 XRD 结果（Mg/Al 值为 0.55、2 和 3）（b），LDH 和 LDO 的 N₂ 等温吸附线和孔分布（Mg/Al 值为 3）（c）和 LDH 的热分解曲线（Mg/Al 值为 3）（d）

布。所有样品展示出了典型的 IV 类等温吸附线和 H3 型滞后回线，代表了裂隙状介孔和似片状颗粒[68]。但是，AMO-LDH 的 10 nm 的平均介孔孔容远高于 C-LDH，并且在煅烧后进一步扩大。最后，图 A.9（Mg/Al 值为0.55 和 2）和图 3.11(d)（Mg/Al 值为 3）显示了 LDH 在 50～450℃的热分解曲线。LDH 展示了两个失重阶段：第一个失重阶段在约 200℃(T_1)，可以归因于插层溶剂的解吸；第二个失重阶段在约 400℃(T_2)，可以归因于羟基和碳酸盐的分解[173]。在 AMOST 处理后，由于 LDH 层可以更好地分散，T_1 和 T_2 值都有所下降。

使用 TEM 对 LDH 的形貌进行研究，放大因子为 20 000（见图 3.12）。由于较高的电荷密度和亲水性，所有的 C-LDH 展示出了高度堆叠和石头

图 3.12　LDH（Mg/Al 值为 0.55、2 和 3）和 LDO（Mg/Al 值为 3）的 TEM 结果
(a) $Mg_{0.55}Al-CO_3-w$；(b) Mg_2Al-CO_3-w；(c) Mg_3Al-CO_3-w；(d) $Mg_3Al-CO_3-w(c)$；
(e) $Mg_{0.55}Al-CO_3-a$；(f) Mg_2Al-CO_3-a；(g) Mg_3Al-CO_3-a；(h) $Mg_3Al-CO_3-a(c)$

状的结构，在经过 AMOST 后，层间水的脱除减弱了 LDH 片之间的相互作用，因此形成了包含许多更薄片状的花状结构。当将 Mg/Al 值从 3 降到 0.55 时，增加的 Al 含量破坏了 LDH 层中完美的水镁石结构，因此降低了 AMO-LDH 片的直径。在经过煅烧后，AMO-LDO 的形貌没有发生明显的改变，但是 CO_2、H_2O 和溶剂的释放会形成多孔层板结构。

表 3.4 列出了 Mg/Al 值为 0.55、2 和 3 的 LDH 和 LDO 的比表面积和孔容，表 A.1 列出了平均孔径。剥离的 AMO-LDH 导致了较高的比表面积和较大的孔容[175]。例如，Mg_3Al-CO_3-a 的比表面积（158 m^2/g）和孔容（0.83 cm^3/g）分别是 Mg_3Al-CO_3-w 的 3 倍和 2 倍。在经过 AMOST 和干燥方法优化后，Mg_3Al-CO_3-a 甚至可以达到 365 m^2/g 的比表面积[175]。由于 LDH 颗粒尺寸的减小，AMO-LDH 的比表面积随着 Mg/Al 值的降低而增加。经过煅烧后，所有的 AMO-LDO 具有大约 300 m^2/g 的比表面积和大于 1 cm^3/g 的孔容。值得注意的是，LDH 的结晶度随着老化温度的降低而降低[76]。因此，使用室温作为老化温度的 LDH 的颗粒直径和比表面积要远低于使用溶胶凝胶法合成的 Sasol-LDH。在此基础上，AMOST 进一步剥离出层间表面积并且暴露出更多的活性位点。

表 3.4　LDH 和 LDO 的比表面积和孔容

样品	比表面积/(m²/g)			孔容/(cm³/g)		
	$Mg_{0.55}Al\text{-}CO_3$	$Mg_2Al\text{-}CO_3$	$Mg_3Al\text{-}CO_3$	$Mg_{0.55}Al\text{-}CO_3$	$Mg_2Al\text{-}CO_3$	$Mg_3Al\text{-}CO_3$
LDH-Sasol	117	17	13	0.36	0.078	0.083
C-LDH	78	136	53	0.18	0.60	0.40
AMO-LDH	299	191	158	1.37	0.74	0.83
LDO-Sasol	228	20	87	0.56	0.093	0.13
C-LDO	256	292	216	0.49	1.01	0.94
AMO-LDO	325	314	292	1.58	1.15	1.41

注：Mg/Al 值为 0.55,2 和 3。

图 3.13 阐述了在经过质量分数为 20% 的 K_2CO_3 浸渍后,样品还存在典型的 LDH 和 LDO 特征峰,但是所有样品在 30°～35°出现了额外的体相 K_2CO_3 特征峰。图 A.10(Mg/Al 值为 0.55 和 2)和图 3.14(Mg/Al 值为 3)展示了 K-LDH 和 K-LDO 的形貌。虽然在浸渍过程中样品由于接触水而发生了部分结构重构,但是 K-AMO-LDH 和 K-AMO-LDO 还是展现出了剥离的花状结构。K-$Mg_3Al\text{-}CO_3$-a 的元素分析表明两种浸渍 K_2CO_3 的形貌分别为位于立方体区域的体相 K_2CO_3 和均匀分散在 K-LDH 表面并且可能修饰在活性位点上的 K_2CO_3。

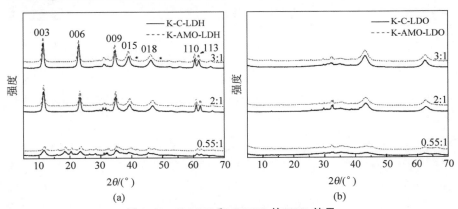

图 3.13　K-LDH 和 K-LDO 的 XRD 结果

(a) K-LDH(Mg/Al 值为 0.55,2 和 3;＊为样品架的反射峰);
(b) K-LDO(Mg/Al 值为 0.55,2 和 3)

前期研究提到了 C-LDH 的层间距(0.28 nm)和 K^+(0.276 nm)的尺寸相近[83],因此表面修饰主要集中在 LDH 颗粒的外表面。但是,在经过

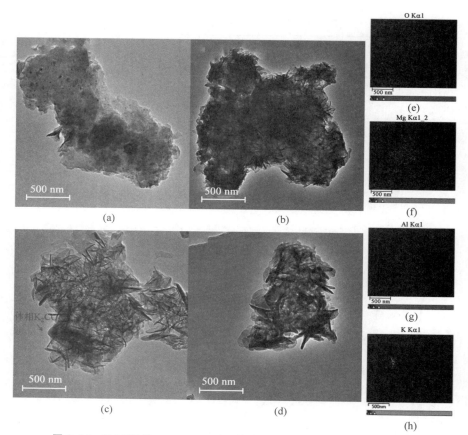

图 3.14　K-LDH 和 K-LDO（Mg/Al 值为 3）的 TEM 结果（见文前彩图）

(a) K-Mg₃Al-CO₃-w；(b) K-Mg₃Al-CO₃-w(c)；(c) K-Mg₃Al-CO₃-a；

(d) K-Mg₃Al-CO₃-a(c)；(e) O 元素分析；(f) Mg 元素分析；(g) Al 元素分析；(h) K 元素分析

AMOST 后，LDH 的内表面也暴露出来了，从而出现了更多可能的 K⁺ 受体。因此，可以推测 K₂CO₃ 能够修饰 K-AMO-LDH 表面更多的碱性位点[83]。为了进一步研究 K-AMO-LDH 的表面修饰作用，图 3.15 展示了煅烧前、后 K-Mg₃Al-CO₃-Sasol、K-Mg₃Al-CO₃-w 和 K-Mg₃Al-CO₃-a 的 SEM 微观结构。红点代表使用 EDS 扫描检测得到的 K 元素分布。在三种 K-LDH 中，K-AMO-LDH 呈现出最小数量的红点聚集区域，表明了 K₂CO₃ 更倾向修饰 K-AMO-LDH 表面位点而不是形成体相 K₂CO₃。

3.4.3　AMOST 对 CO₂ 吸附性能的影响

图 3.16 展示了 Sasol-LDO（Sasol 代表 Sasol 公司的商业溶胶凝胶法）、

图 3.15　K-LDH 和 K-LDO(Mg/Al 值为 3)的 SEM 结果(见文前彩图)

(a) $K-Mg_3Al-CO_3-Sasol$；(b) $K-Mg_3Al-CO_3-w$；(c) $K-Mg_3Al-CO_3-a$；

(d) $K-Mg_3Al-CO_3-Sasol(c)$；(e) $K-Mg_3Al-CO_3-w(c)$；(f) $K-Mg_3Al-CO_3-a(c)$

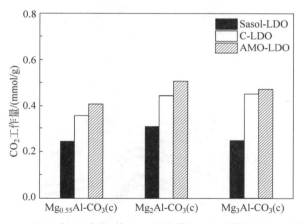

图 3.16　LDO 在 400℃ 下的 CO_2 工作量(Mg/Al 值为 0.55,2 和 3)

C-LDO 和 AMO-LDO 在 400℃ 下的 CO_2 工作量。结果表明当使用相同的合成方法时,Mg/Al 值为 2 的 LDO 具有最高的 CO_2 工作量,这样的结果和文献中的结论保持一致[46]。不饱和 Mg-O 位点被认为是 LDO 的 CO_2 吸附位点[69]。当 Mg/Al 值降低时,总 Mg-O 位点的数量降低。另一方面,增加的 Al^{3+} 含量可以在 LDH 层板中生成更多的缺点,使得 Mg-O 位点更容易和

CO_2 发生反应。固定 Mg/Al 值，LDO 的 CO_2 工作量和比表面积正相关。在所有的 LDO 中，$Mg_2Al\text{-}CO_3\text{-}a(c)$ 具有最高的 CO_2 工作量（0.506 mmol/g），相比 $Mg_2Al\text{-}CO_3\text{-}Sasol(c)$（0.309 mmol/g）和 $Mg_2Al\text{-}CO_3\text{-}w(c)$（0.444 mmol/g）分别增加了 63.4% 和 14.0%。

图 3.17 显示了温度对 C-LDO 和 AMO-LDO 的 CO_2 吸附/解吸特性的影响。当将工作温度从 400℃ 降到 200℃ 时，如文献中报道的结论[78,176]，LDO 的 CO_2 吸附量持续增加。在所有的样品中都存在 CO_2 快速吸附段和慢速吸附段，很好地符合 Elovich 型动力学模型[156]。另一方面，降低温度会造成解吸动力学的下降。为了保证在 PSA 系统中良好的循环运行，CO_2 解吸比应该越高越好。然而在经过 AMOST 后并没有发现 CO_2 吸附动力学有明显的提高，但是 AMO-LDO 呈现出了更优越的解吸动力学（见表 3.5），

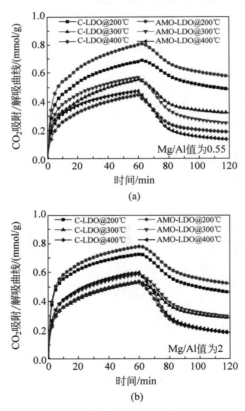

图 3.17   温度对 LDO 的 CO_2 吸附/解吸特性的影响

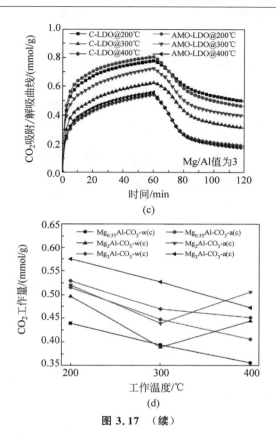

图 3.17　（续）

这可能是因为 CO_2 从剥离层板到气相有更好的质量传递性能。AMO-
LDO 更大的 CO_2 解吸比可以拓宽工作温度。图 3.17(d) 的结果证明了相
比于 C-LDO，AMO-LDO 在所有工作温度下具有更高的 CO_2 工作量。

　　使用 X_2CO_3（X＝K 或 Cs）和 YNO_3（Y＝Li、Na 和 K）碱金属化合物的
表面改性经常被用于增强 LDO 的 CO_2 捕集能力。本节研究了质量分数为
20％的 K_2CO_3 浸渍对 AMO-LDO 的影响。图 3.18 描述了 K-Sasol-LDO、
K-C-LDO 和 K-AMO-LDO 在 400℃的 CO_2 工作量。和 LDO 中的结果不
同，K-LDO 的 CO_2 工作量随着 Mg/Al 值的增加而增加。这种正相关表面
在经过 K_2CO_3 浸渍的表面改性后，暴露的 Mg-O 活性位点的总量成为
K-LDO 的 CO_2 捕集能力的主要限制因素。给定 Mg/Al 值，K-AMO-LDO
和 K-Sasol-LDO 分别具有最高和最低的 CO_2 工作量，这和 LDO 的结果保
持一致。因此可以明确经过 K_2CO_3 修饰后，密集的和较好分散的表面位点
增加了 K-AMO-LDO 和 CO_2 反应的机会。

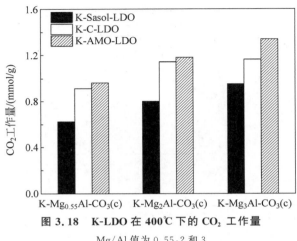

图 3.18　K-LDO 在 400℃ 下的 CO$_2$ 工作量

Mg/Al 值为 0.55,2 和 3

　　图 3.19 展示了具有 Mg/Al 值为 3 的 K-LDO 的多循环稳定性。在第 1 个循环中,所有样品展现出了一部分不可逆吸附量,因此造成了 CO$_2$ 工作量低于首次 CO$_2$ 吸附量。但是,在之后的循环中吸附量和解吸量保持了相对的稳定。样品 K-Mg$_3$Al-CO$_3$-a(c)在经过 10 个吸附/解吸循环后呈现了最高的 CO$_2$ 工作量(1.069 mmol/g),分别高于 K-Mg$_3$Al-CO$_3$-Sasol(c)(0.870 mmol/g)和 K-Mg$_3$Al-CO$_3$-w(c)(0.846 mmol/g)22.9% 和 26.4%。前期的研究证明了在 4 塔变压吸附中 20% 的 CO$_2$ 吸附量的增加可以提升 5% 的 CO$_2$ 捕集率[44]。因此,可以认为使用 AMOST 后 LDO/K-LDO 的 CO$_2$ 工作量的提升对于 CCUS 的工业应用具有非常重要的意义。

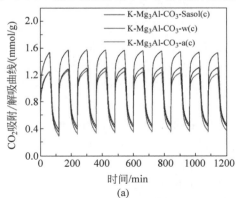

(a)

图 3.19　K-LDO 在 400℃ 下 CO$_2$ 吸附/解吸曲线(a)和 CO$_2$ 工作量随循环次数的变化(b)

Mg/Al 值为 3

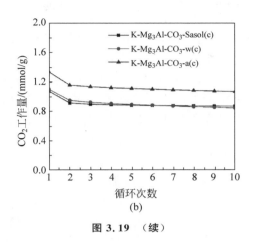

图 3.19　（续）

3.5　本　章　小　结

本节使用原位 FTIR 对具有不同 Mg/Al 值的 K-LDO 的 CO_2 吸附机理进行研究。对于 K_{20}-MG70，表面存在的体相 K_2CO_3 参与 CO_2 的吸附并且形成具有高热稳定的 K-Mg 双碳酸盐，因此提高了在给定 CO_2 分压下的工作温度。另一方面，K_2CO_3 浸渍也可以通过表面改性增强 K_{20}-MG70 的 CO_2 吸附量。K^+ 通过和表面的不饱和氧反应，形成具有较高反应活性的 K-O-Mg 吸附位。在具有较低 Mg/Al 值的 K-LDO 中表面改性占主导地位，这可能是因为 Al^{3+} 的替代形成了更多的不饱和氧吸附位。随着 Al 含量的增加，K-LDO 的 CO_2 吸附位点的碱性增强，K_{20}-MG30 由于弱吸附位点（双齿碳酸盐）和强吸附位点（单齿碳酸盐）的存在从而具有最大的 CO_2-TPD 峰宽。本节首次证明了具有高 Mg/Al 值的 K-LDO 中体相 K_2CO_3 对 CO_2 吸附热力学稳定性的促进作用和具有低 Mg/Al 值的 K-LDO 拥有微量 CO_2 吸附能力的原因。这些有关 K_2CO_3 浸渍和 Mg/Al 值的协同机理的发现可以为设计具有高 CO_2 工作量和（或）深度净化能力的高效 CO_2 吸附剂与系统提供可行的思路。

另一方面，本章合成了具有不同 Mg/Al 值的 AMO-LDH。通过在共沉淀过程中使用丙酮吸附 LDH，可以将 LDH 层板剥离形成花状，从而增加比表面积。暴露的内表面在煅烧后可以提供更加密集的活性位点。AMOST 法十分简单，它和传统的共沉淀法唯一的不同就是 AMO 溶剂洗涤步骤的引入。AMOST 法增加的合成成本主要来自 AMO 溶剂的消耗。但是,在大规模工业合成过程中,可以在经过简单的净化处理后回收利用溶剂。AMO-LDO 在 400℃ 时的 CO$_2$ 工作量高于 Sasol-LDO 和 C-LDO,Mg$_2$Al-CO$_3$-a(c)在所有研究的 LDO 中实现了最高的工作量(0.506 mmol/g)。相比于 C-LDO,AMO-LDO 在 200~400℃ 下还具有更好的解吸动力学。AMO-LDH 的另一个优势是它可以提供用于表面改性更多的受体。在经过质量分数为 20% 的 K$_2$CO$_3$ 浸渍后,K$^+$ 更加趋于在 AMO-LDH 表面分散而不是形成体相 K$_2$CO$_3$。K-LDO 的 CO$_2$ 工作量和暴露的总 Mg-O 位点数量呈现正相关关系。在经过 10 个吸附/解吸循环测试后,K-Mg$_3$Al-CO$_3$-a(c)在 400℃ 下达到了稳定 CO$_2$ 工作量 1.069 mmol/g,相比 K-Mg$_3$Al-CO$_3$-Sasol(c)和 K-Mg$_3$Al-CO$_3$-w(c)分别高出 22.9% 和 26.4%。这个提升可以极大地提高变压吸附单元的分离效率。在之后的工作中,可以通过改变过程参数和 AMO 溶剂种类进一步优化 AMOST 法以获得更好的 CO$_2$ 吸附/解吸性能。

第4章 催化剂/吸附剂复合系统单塔建模和验证

4.1 概 述

合成气在经过 WGS 后仍残余 1‰ 左右的 CO，而高于 2×10^{-5} 的 CO 就会造成 PEMFC 中 Pt 电极的中毒。通过将 WGS 催化剂按照一定比例混入中温 CO_2 吸附剂填料塔，则有希望在脱除 CO_2 的同时净化微量的 CO，从而直接制取高纯氢。目前有关复合系统的研究较少关注微量 CO 的净化问题。第3章从机理层面证明了 K-MG30 具有微量 CO_2 净化能力。本章首先研究了 WGS 的热力学平衡来验证通过原位 CO_2 捕集实现 CO 深度净化的可行性；针对充填有 K-MG30 的固定床系统研究了不同吸附（原料气组分、工作压力）和解吸（清洗流量、解吸时间、解吸气种类）工况对残余 CO_2 浓度和吸附量的影响，可以发现在 CO_2 突破之前，产品气中残余 CO_2 浓度主要取决于解吸气总量和原料气中 CO_2 浓度，优化后的工况可以将残余 CO_2 浓度从 3.4‰ 降到 1.23×10^{-5}；蒸汽清洗极大地提高了 CO_2 工作量，但是对于降低残余 CO_2 浓度并没有较大影响；通过提高再生温度到 450℃ 可以进一步降低残余 CO_2 浓度到 3.2×10^{-6}；基于对吸附剂吸附特性的理解提出了一个新的吸附/解吸循环工艺，共包括吸附、蒸汽冲洗、降压、蒸汽清洗、充压和高温蒸汽清洗等步骤，通过该循环工艺有望在深度净化 CO/CO_2 的条件下降低蒸汽耗量。

随后，耦合高温 Fe-Cr 催化剂进入填充了 K-MG30 的固定床，研究在合成气进料条件下产品气残余 CO 浓度，其中催化剂和吸附剂填料体积比为5。系统研究了不同工况，包括温度（350～450℃）、压力（1～3 MPa）、原料气 CO 浓度（体积分数为 5％～20％）、平衡气（Ar，H_2）、循环次数（1～4）和水气比（1.25～5）对出口气体残余 CO 浓度的影响。为了定量表征复合系统的净化性能，首次提出 CO_2 吸附剂的利用率 τ，即 CO 突破之前的有效 CO_2 吸附量和总 CO_2 吸附量的比值。实验结果表明在所研究的工况下，出口气体残余 CO 浓度可以降到 2×10^{-5} 以下，τ 为 $0.34 \sim 0.81$。当入口气体 CO 浓度为 $5\% \sim 20\%$ 时，CO 的突破时间保持相对稳定。由于 WGS 热力学平衡和 H$_2$O 竞争吸附的权衡关系，系统存在最佳的水气比。净化性能随着系统工作压力的增加而增加，但是当工作温度升高到 450℃ 时净化能力急剧下降。

本章还提出了一个耦合了 CO$_2$ 吸附基元反应动力学模型和高温 WGS 幂率经验模型的复合系统模型。模型在 gPROMS 商业模拟平台上搭建，综合考虑与传质和动量传递的耦合过程，并整合动态边界条件和真实操作工况。模型使用前期获得的实验数据进行标定和验证，并模拟了 17 组不同水气比、原料气流量、原料气 CO 浓度和平衡气的工况以研究当使用复合系统制取高纯氢时残余 CO 浓度的变化。

4.2   CO$_2$ 吸附热力学平衡浓度计算和降低

为了验证使用原位 CO$_2$ 吸附进行 CO 深度净化的可行性，对 CO$_2$ 捕集率为 μ 的 WGS 热力学平衡进行分析。假设混合气满足理想气体状态方程，则 WGS 热力学平衡常数 $K(T)$ 可以通过式（4-1）计算得到。

$$K(T) = \frac{(1-\mu)(x_{CO_2}^0 + x_{CO}^0 \eta)(x_{H_2}^0 + x_{CO}^0 \eta)}{x_{CO}^0 (1-\eta)(x_{H_2O}^0 - x_{CO}^0 \eta)} \qquad (4-1)$$

其中，x_i^0 代表组分 i 的初始摩尔分数，$K(T)$ 的值从文献[177]中获得。通过公式（4-1）可以计算得到 CO 转换率 η 为

$$\eta = \frac{K(x_{CO}^0 + x_{H_2O}^0) + (1-\mu)(x_{CO_2}^0 + x_{H_2}^0)}{2(K+\mu-1)x_{CO}^0} -$$

$$\frac{\sqrt{[K(x_{CO}^0 + x_{H_2O}^0) + (1-\mu)(x_{CO_2}^0 + x_{H_2}^0)]^2 - 4(K+\mu-1)[Kx_{CO}^0 x_{H_2O}^0 - (1-\mu)x_{CO_2}^0 x_{H_2}^0]}}{2(K+\mu-1)x_{CO}^0}$$

$$(4-2)$$

出口气体 CO 和 CO$_2$ 干基摩尔分数可以计算为

$$x_{CO\_out\_dry}^0 = \frac{x_{CO}^0 (1-\eta)}{1 - \mu(x_{CO_2}^0 + x_{CO}^0 \eta) - (x_{H_2O}^0 - x_{CO}^0 \eta)} \qquad (4-3)$$

$$x_{CO_2\_out\_dry} = \frac{(1-\mu)(x_{CO_2}^0 + x_{CO}^0 \eta)}{1 - \mu(x_{CO_2}^0 + x_{CO}^0 \eta) + x_{CO}^0 \eta - x_{H_2O}^0} \qquad (4-4)$$

假设原料气组分为 1% CO，29% CO$_2$，40% H$_2$ 和 30% H$_2$O，即典型

的高温 WGS 反应出口气体成分[22]。图 4.1 显示了当无 CO_2 捕集时和 CO_2 捕集率为 90%，99.9% 和 99.99% 时的热力学平衡 CO 和 CO_2 浓度。

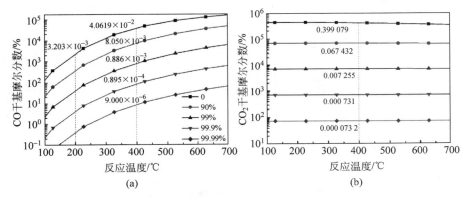

图 4.1　带有原位 CO_2 捕集的 WGS 反应热力学平衡分析

当无 CO_2 捕集时，在 400℃ 时 WGS 反应的平衡 CO 摩尔分数超过了 4%。通常提高 CO 转换率的方法是降低反应温度，但是这不可避免地会降低 WGS 反应速率。并且即便将反应温度降到 200℃，变换气中仍然会残余 0.3% 左右的 CO。与之相比，如果在 400℃ 下脱除 99.99% 的 CO_2，则残余 CO 浓度可以降到 10^{-5} 以下，从而满足了燃料电池级的氢气纯度要求。图 4.1(b) 显示了 CO_2 捕集率和干基 CO 平衡摩尔分数的关系。从计算结果可以看出为了保证产品 H_2 中 CO 浓度低于 10^{-5}，CO_2 平衡浓度至少需要低于 10^{-4}。

4.3　吸附单塔 CO_2 深度净化分析

4.3.1　固定床测试系统

图 4.2 显示了自制的固定床测试系统用于评价 K-MG30 的 CO_2 吸附特性。固定床总高 600 mm，内径 22 mm，共有四路气体入口（Ar/N_2，H_2/He，CO_2，CO）和一路去离子水入口。气体的流量使用 D07-11C 型质量流量计（北京七星华创电子股份有限公司）进行控制，最大流量为 500 mL/min。去离子水使用 Series Ⅱ 平流泵（LabAlliance，0.001～5.000 mL/min，0～41.4 MPa）泵入系统来产生原料气、冲洗气和清洗气所需的蒸汽。在进入固定床之前，去离子水先在预热器中进行汽化。入口气体可以任意从固定

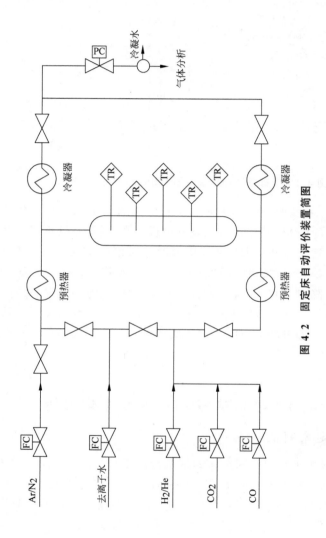

图 4.2　固定床自动评价装置简图

床顶部或底部进入系统，气体的流动方向可以通过六个高压电磁阀进行自动切换。反应器采用 800H 合金制造，并使用三段温控炉进行加热，可以在 800℃ 和 6 MPa 的条件下正常工作。共 52.8 g 的 K-MG30 填装在反应器的恒温段，总填料高度为 300 mm。反应器的两边使用直径 6 mm 的 ZrO 球和石英棉进行填充。为了检测反应器轴向温度分布，在反应器中布置了五个 K 型热电偶，热电偶间距是 150 mm。通过使用电动调节阀控制出口气体流量，使得在 0～6 MPa 可以控制固定床中的气体压力。在反应器两端出口安装了两个冷凝器用于除水，并且使用 8℃ 的循环冷却水经行冷却。相比于本研究前期采用的固定床测试系统[34]或者文献中的测试装置[78,178]，这套系统的另一个优势是可以实现全自动化运行。整套装置由西门子 PLC 控制系统控制。通过向 ForceControl V7 编译得到的软件（北京三维力控科技有限公司研制）中输入指令，可以任意控制固定床的流量、温度、压力、流动过程（包括煅烧、充压、吸附、冲洗、降压、解吸或者这些过程的组合）和循环次数。在长时间和多循环测试中该装置表现出了显著的优势。

在冷凝脱水后，出口气体可以使用 QIC-20 质谱仪（英国 Hiden 公司）和 SP-3420A 色谱仪（北京北分瑞利分析仪器有限责任公司）进行在线分析。其中质谱仪可以连续分析气体组分，响应时间可以低于 500 ms，而色谱仪安装了热导检测器 TCD（载气：30 mL/min H_2，检测极限：0.001）和火焰离子化检测器 FID 加甲烷转化器（载气：30 mL/min N_2，空气流量：300 mL/min，H_2 流量：30 mL/min，检测极限：5×10^{-7}），可以每隔 4 min 分析一次。在测试之前，色谱仪和质谱仪都采用标准气进行标定。

4.3.2　基准工况下的净化效率

在基准工况实验中，首先使用 100 mL/min 的 Ar 对固定床内吸附剂进行 1 h 的逆向清洗，然后使用 CO_2 和 He 的混合气进行 1 h 的同向吸附，其中实验温度和压力为 400℃ 和 0.1 MPa，吸附时 CO_2 和 He 的流量分别是 9.7 mL/min 和 36.0 mL/min。图 4.3 显示了吸附过程中包含 CO_2、He 和 Ar 的出口气体组分摩尔分数。可以看出 He 在 4.7 min 时穿透固定床。这个突破时间主要取决于固定床的死体积、温度和压力，并且在计算 CO_2 吸附时需要被减去。在最初的 4.7～19.4 min，由于 CO_2 的吸附作用，出口气体 CO_2 浓度可以保持在一个极低的水平。使用色谱仪可以确定准确值为 0.001 842。在 19.4 min 之后，CO_2 开始突破固定床，并且在 30 min 时达到平衡。在 4.7～19.4 min，99.18% 的 CO_2 被脱除。根据 CO_2 的突破时

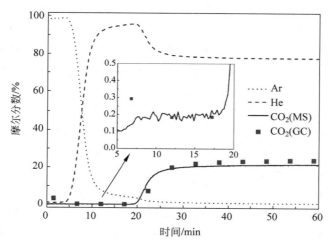

图 4.3　使用 100 mL/min 的 Ar 解吸 1 h 后在 400℃和 0.1 MPa 下使用原料气
组分为 CO₂(9.7 mL/min)和 He(36.0 mL/min)的突破实验结果

间,可以计算得到该工况下 CO₂ 的吸附量为 0.125 mmol/g。

　　对相同的吸附/解吸循环重复 20 次(见图 4.4)。可以观察到 CO₂ 的吸附量以每循环 0.2% 的速度缓慢下降,这种性能衰减是由吸附/解吸过程中的不可逆吸附量造成的[80]。但是,文献表明在经过更多循环之后吸附量可以最终稳定下来[179]。另一方面,K-MG30 的 CO₂ 控制能力保持稳定。残余 CO₂ 浓度可以保持在 0.00175~0.0019。

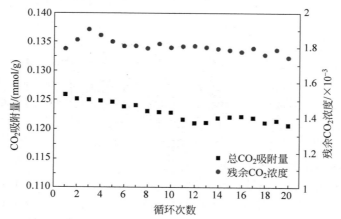

图 4.4　使用 100 mL/min 的 Ar 解吸 1 h 后在 400℃和 0.1 MPa 下使用原料气组
分为 CO₂(9.7 mL/min)和 He(36.0 mL/min)的 20 次循环测试结果

4.3.3 解吸条件的影响

前期工作证明了在小于 1 h 内几乎无法完全解吸 K-LDO 表面吸附的 CO_2[180]。Ding 等[86]也指出 LDO 的解吸速率慢于吸附速率 20 倍。因此，本章中研究了解吸工况，包括解吸气体流量和时间，对 K-MG30 循环工作量和残余 CO_2 浓度的影响。图 4.5 显示了使用 300 mL/min 的 Ar 解吸 1 h 后的 CO_2 吸附性能。相比于图 4.3，可以发现该工况下实现了更长的 CO_2 吸附时间（23.8 min）和更低的残余 CO_2 浓度（6.108×10^{-4}）。有趣的是，该工况下残余 CO_2 浓度和总解吸气气量的乘积和图 4.3 的结果保持一致。为了证明这一结论，进行了一系列不同解吸流量（50～500 mL/min）和解吸时间（10～720 min）的实验，如图 4.6 所示。可以发现残余 CO_2 浓度随着解吸气体气量的倒数线性增加，这表明了残余 CO_2 浓度主要取决于总解吸气气量而非单独的解吸气流量或解吸时间。

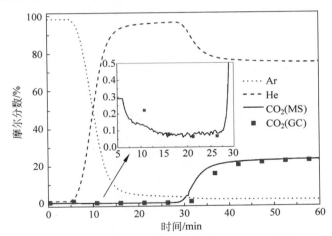

图 4.5 使用 300 mL/min 的 Ar 解吸 1 h 后在 400℃ 和 0.1 MPa 下使用原料气组分为 CO_2（9.7 mL/min）和 He（36.0 mL/min）的突破实验结果

如图 4.7 所示，当吸附和解吸时间保持在 1 h 时，随着解吸气体流量从 50 mL/min 升高到 300 mL/min，残余 CO_2 浓度从 3.207×10^{-3} 急剧下降到 6.1×10^{-4}，且 CO_2 吸附量从 0.093 mmol/g 增加到 0.211 mmol/g。但是，进一步提高流量对吸附性能的提升有限。当保持解吸气体流量为 300 mL/min 时，随着解吸时间从 10 min 升高到 3 h，残余 CO_2 浓度从 3.433×10^{-3} 下降到 0.271×10^{-3}，且 CO_2 吸附量从 0.114 mmol/g 增加到 0.252 mmol/g。

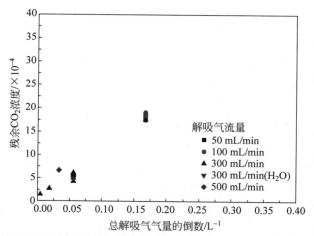

图 4.6　使用不同的解吸流量（50～500 mL/min）和解吸时间（10～720 min）的 Ar 解吸后的残余 CO₂ 浓度

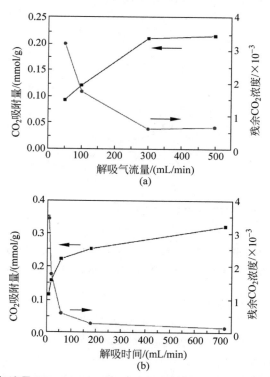

图 4.7　解吸气流量（50～500 mL/min）和解吸时间（10～720 min）对 CO₂ 吸附量和残余 CO₂ 浓度的影响

值得注意的是,残余 CO_2 浓度即便在经过很长一段解吸时间后仍然可以持续下降,并且在经过 12 h 后可以达到一个极低的值(9.2×10^{-5})。CO_2 在 K-MG30 表面的吸附为弱化学吸附[50],由一个或几个表面化学反应组成。以上结果表明对于 K-MG30,在 400℃ 下 CO_2 的吸附热力学平衡分压至少可以低于 9.2 Pa。

4.3.4 蒸汽解吸的影响

根据文献报道,蒸汽可以在 K-LDO 表面形成羟基,进而通过形成碳酸氢盐[81]和碳酸盐[88]的形式提高 CO_2 吸附量。Boon 等[91]指出高压水蒸气可以加速 K-LDO 表面残余 CO_2 的解吸。近期,Coenen 等[74]通过 TGA 实验结果提出了一个有关 K-LDO 的 CO_2 和 H_2O 吸附机理。根据这个理论,至少存在 4 种吸附位,其中位点 A 和 B 分别代表 H_2O 和 CO_2 的单独吸附位,位点 C 可以同时被 H_2O 和 CO_2 吸附和替换,位点 D 是 CO_2 吸附位点,但是只有在存在水的情况下才能被激活。因此,可以推测采用蒸汽解吸时,在经过一个吸附/解吸循环后,K-MG30 的循环 CO_2 吸附量由于位点 C 的存在可以被完全再生,甚至由于位点 D 的存在而进一步增加。接下来的问题就是蒸汽解吸是否能更加有效地解吸微量 CO_2。如果这个假设成立,则通过不增加解吸气量就可以降低残余 CO_2 浓度,在没有改变吸附过程的工况下,只将解吸气体从 Ar 改成 H_2O(280 mL/min H_2O 和 20 mL/min Ar)。图 4.8 显示了在经过 1 h 解吸后的吸附结果。如预期一样,CO_2 吸附时间从 23.8 min 显著增加到了 68.3 min,相当于 0.559 mmol/g 的 CO_2 吸附量。注意到在干基工况下初始 CO_2 吸附量为 0.510 mmol/g,因此蒸汽解吸被证明可以明显提高 K-LDO 的循环 CO_2 吸附量。但是,色谱的结果表明在 10~70 min 残余 CO_2 浓度(5.251×10^{-4})和图 4.5 的结果保持一致。这表明蒸汽解吸在改进脱碳精度方面作用有限。

4.3.5 高压的影响

固定床反应器可以被认为是一系列填充 K-MG30 颗粒的薄层。在每层中,存在体相 CO_2 和吸附态 CO_2 的热力学平衡。因此,一种进一步降低残余 CO_2 浓度的方法是降低入口气体的 CO_2 分压。当保持相同的 CO_2 处理量(9.7 mL/min)但是增加 He 流量到 277.6 mL/min 时,入口 CO_2 浓度从原来的 21.2% 降到了 3.4%。图 4.9 显示了经过 300 mL/min 的 Ar 解吸 1 h 后,He 和 CO_2 在 0.1 MPa,1 MPa,2 MPa 和 3 MPa 工况下的突破

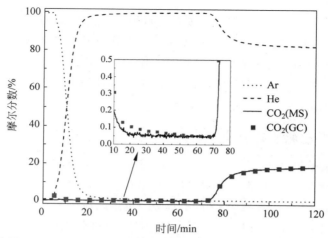

图 4.8　使用 300 mL/min 的蒸汽解吸 1 h 后在 400℃ 和 0.1 MPa 下使用原料气组
分为 CO₂（9.7 mL/min）和 He（36.0 mL/min）的突破实验结果

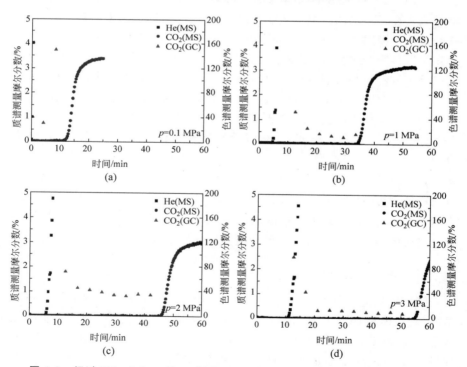

图 4.9　经过 300 mL/min 的 Ar 解吸 1 h 后在 400℃ 和 0.1 MPa（a）、1 MPa（b）、
2 MPa（c）、3 MPa（d）下使用原料气组分为 CO₂（9.7 mL/min）和 He
（277.6 mL/min）的突破实验结果

曲线,表 4.1 列出了相对应的 CO_2 吸附量和残余 CO_2 浓度。从色谱的结果来看,在总压为 0.1 MPa 时残余 CO_2 浓度为 $3.04×10^{-5}$。但是,质谱分析表明在短暂的停留时间(小于 30 s)下测得的残余 CO_2 浓度值有很大的波动。当停留时间增加到 5.7 min 时,残余 CO_2 浓度可以保持在 $4×10^{-5}$ 以下直到 CO_2 突破。当总压从 0.1 MPa 增加到 3 MPa 时,CO_2 吸附量从 0.093 mmol/g 增加到 0.341 mmol/g。增加的吸附量主要由 CO_2 分压和停留时间的增加导致[46]。但是,值得注意的是随着总压的变化残余 CO_2 浓度并没有发生明显的改变,这也可以利用热力学平衡进行解释。虽然随着入口 CO_2 分压的增加平衡 CO_2 分压也随之增加,但是这种变化被总压的增加带来的影响所平衡。

表 4.1　不同工作压力下总 CO_2 吸附量和残余 CO_2 浓度

总压 /MPa	CO_2 分压 /MPa	吸附时间 /min	总 CO_2 吸附量 /(mmol/g)	残余 CO_2 浓度 /$×10^{-6}$
0.1	0.003	11.55	0.093	30.4
1	0.034	28.82	0.234	16.2
2	0.067	38.45	0.314	32.9
3	0.101	41.87	0.341	12.3

为了验证以上猜想,固定总压为 2 MPa 和 He 流量为 277.6 mL/min,改变入口气体 CO_2 分压(0.145 MPa,0.221 MPa,0.287 MPa 和 0.347 MPa)测量相应的残余 CO_2 浓度变化,见图 4.10。这四个工况的总流量为 299.3~336.0 mL/min,因此停留时间并没有发生较大改变,这也可以用 He 的突破

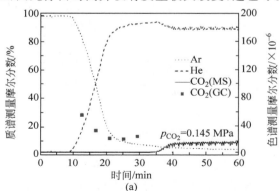

图 4.10　使用 300 mL/min 的 Ar 解吸 1 h 后在 400℃ 和 2 MPa 下使用原料气 CO_2 浓度为 21.7 mL/min(a)、34.5 mL/min(b)、46.4 mL/min(c)、58.3 mL/min(d)时的突破实验结果

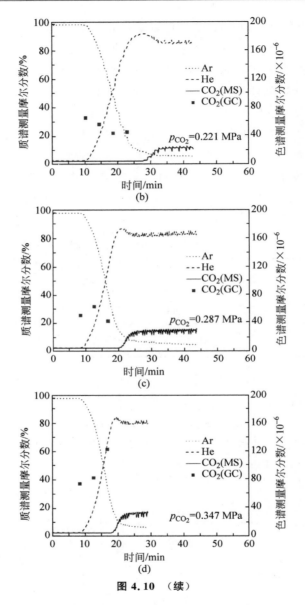

图 4.10 （续）

时间进行验证。结果表明 CO₂ 分压为 0.145 MPa，0.221 MPa，0.287 MPa 和
0.347 MPa 时，平均残余 CO₂ 浓度分别是 3.18×10^{-5}、5.41×10^{-5}、$6.1\times$
10^{-5} 和 8.15×10^{-5}。这表明当固定总压时残余 CO₂ 浓度随着 CO₂ 分压的
增加而线性增加。

4.3.6　CO/CO₂ 深度净化循环的设计

高压冲洗和低压清洗的水蒸气耗量是 ET-PSA 系统主要的能耗来源[22]。以上实验表明虽然 K-MG30 能够吸附将 CO_2/He 混合气中的 CO_2 净化到百万分比浓度(1×10^{-6})级,但是为了恢复 K-MG30 的微量 CO_2 控制能力需要大量的清洗蒸汽。Xiu 等[181-182] 表明在吸附增强过程中,使用单一的蒸汽解吸得到残余 CO 和 CO_2 的浓度要远高于使用 H_2 反应再生,虽然后者会消耗 H_2。另一方面,只是简单地恢复大部分 CO_2 吸附量更加容易实现[104]。因此,这里提出了一种富 H_2 气体 CO/CO₂ 深度净化过程的新概念(见图 4.11)。最初,固定床填充了新鲜的和再生后的吸附剂以及 WGS 催化剂。新鲜吸附剂具有微量 CO_2 控制能力,而再生后的吸附剂则没有。在吸附阶段,合成气顺向通过固定床产生高纯氢气。在每个循环中 CO/CO₂ 的总通入量不能超过固定床总吸附量的 80%(可以根据真实工况对这个比例进行调整)。随后采用高压水蒸气冲洗驱赶出固定床体相内残余的 H_2。理论上讲,采用蒸汽冲洗可以将 H_2 回收率提高到 100%。但是,在实际过程中需要对冲洗蒸汽量进行优化以实现蒸汽耗量和 H_2 回收率之间的平衡,从而使耗能最小化。然后固定床进行逆向放压及低压水蒸气解吸。注意蒸汽解吸这个工序的目的只是恢复饱和吸附剂的循环吸附量。因此可以大大降低水蒸气耗量。最后,使用水蒸气或产品气对固定床进行逆向充压以达到原料气压力。

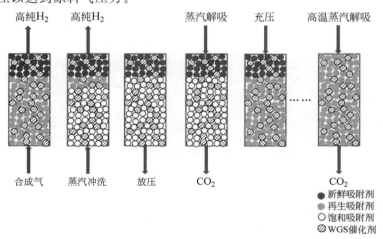

图 4.11　富 H_2 气体 CO/CO₂ 深度净化过程

　　在这个过程中,残余 CO_2 浓度主要通过位于固定床出口的新鲜吸附剂进行控制。但是,随着循环吸附/解吸过程的增加新鲜吸附剂层的厚度会逐渐下降。可以预期在经过几十甚至上百个循环后,新鲜吸附剂会彻底失去微量 CO_2 控制能力。因此,需要周期性地采用长解吸周期或者变温解吸来完全再生固定床的吸附能力。图 4.12(a)表明在经过 400℃ 和 12 h 的 Ar 冲洗后,残余 CO_2 浓度可以降到 8.5×10^{-6},CO_2 吸附量(0.418 mmol/g)相比于图 4.9(c)的结果增加了 33%。完全再生 K-MG30 的 CO_2 控制能力更加有效的办法是使用逆向更高温度的水蒸气解吸,即变温解吸。如图 4.12(b)所示,在经过 450℃ 和 12 h 的 Ar 冲洗后,残余 CO_2 浓度可以降到 3.2×10^{-6},CO_2 吸附量可以提升到 0.583 mmol/g。

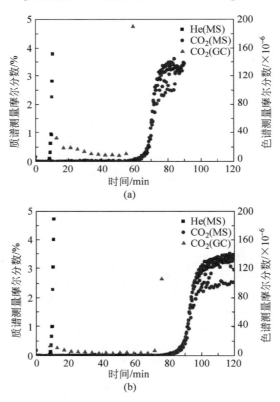

图 4.12　使用 300 mL/min 的 Ar 解吸 12 h 后在 400℃(a)、450℃(b)和 2 MPa 下使用原料气组分为 CO_2(9.7 mL/min)与 He(277.6 mL/min)的突破实验结果

4.4　复合单塔 CO/CO$_2$ 深度净化分析

4.4.1　实验方法及参数定义

图 4.13 显示了本节用于测试加入 WGS 催化剂后的复合系统净化性能所用到的高温高压固定床反应器。测试系统包括三个子系统：配气系统、反应系统和探测系统。在配气系统中共有四路进气（He、Ar、H$_2$、CO），进口流量由 D07-11C 质量流量计（MFC,北京七星华创有限公司）控制。去离子水通过 Series Ⅱ 平流泵（LabAlliance,0.001～5.000 mL/min,0～41.4 MPa）送入反应器。送入的液态水和气体混合后流入预热器形成过热蒸汽（最高温度为 400℃）。

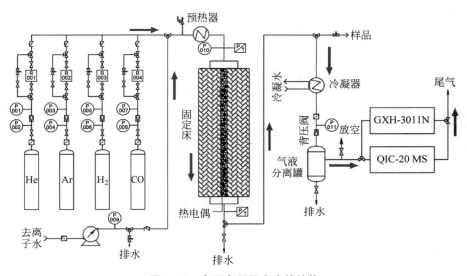

图 4.13　高温高压固定床的结构

反应系统中的主要设备为 300 mm 高和 16 mm 内径的不锈钢固定床，其温度由一个三段温控炉控制,最高操作温度可以达到 700℃。为了确保温控的准确性,反应器的两端填充 Al$_2$O$_3$ 惰性小球。固定床的压力通过背压阀控制,最高操作压力可以达到 6 MPa。在反应系统之后,出口气体被循环冷却水降温至 5℃ 左右,其中的冷凝水在气液分离罐中被分离和去除。干基气体的组分通过 QIC-20 质谱仪进行分析。该台质谱仪可以提供足够高的分辨率和灵敏度,其检测极限是 10^{-4}。1～20 mL/min 的样品气可以在质谱仪上进行连续分析,响应时间小于 500 ms。但是,由于 CO$_2$ 离子化带来的干扰,QIC-20 不能精确检测 10^{-6} 量级的 CO。另外,在实验过程中可能会有微量空气泄漏到检测系统中,从而对 CO 的测量带来很大的干扰。因此,为了精确测量微量的 CO,采用了北京华云的 GXH-3011N 在线红外气体分析仪。这台设备可以检测 $0 \sim 2 \times 10^{-4}$ 的 CO,分辨率为 1×10^{-6},线性检测误差可以控制在 $\pm 2\%$ F.S。当样品气流量为 500 mL/min 时,相应时间可以低于 15 s。在实验之前,两个检测设备都进行了标定以满足复核测量精度的要求。

表 4.2 列出了 CO$_2$ 吸附剂和 WGS 催化剂的表征结果。CO$_2$ 吸附剂使用 K-MG30,在中温(250～450℃)下具有较高的吸附量和较低的吸附热[75,91,160,183]。WGS 催化剂采用商用 Fe-Cr 高温变换催化剂(质量分数:Fe$_2$O$_3$ 80%～95%,Cr$_2$O$_3$ 5%～15%),其动力学参数在参考文献[184]中取值。为了满足在所有测试工况下 WGS 的催化效率,K-MG30 和 Fe-Cr 催化剂的填料体积设为 5。在测试之前,在 450℃下使用 100 mL/min 的 H$_2$ 对固定床吹扫 3 h 以活化吸附剂/催化剂。随后将反应器的温度调整到指定值,然后使用高纯 Ar(大于 99.999%)解吸固定床直到出口气体的含碳组分(CO + CO$_2$)浓度低于 10^{-5}。将固定流量(200 mL/min)的混合气(CO/He 或 CO/H$_2$)通入固定床,同时使用平流泵加入高压水,水的流量取决于设定的水气比。该过程持续到出口气体达到 WGS 的热力学平衡。最后,对反应器进行降压和 Ar 解吸。

表 4.2　K-MG30 和 Fe-Cr 催化剂材料表征

材料	形状	尺寸(直径×高)/(mm×mm)	堆积密度/(g/cm^3)	填料质量/g	体积比吸附剂/催化剂
K-MG30	圆柱体	4.8×4.6	0.55	23.0	5
Fe$_2$O$_3$/Cr$_2$O$_3$	圆柱体	6.1×5.6	1.77	14.8	

为了定量描述测试结果,需要定义一些表征参数。首先,H$_2$ 和 CO$_2$ 的突破时间定义为出口气体浓度达到平衡浓度 2% 时的时间。CO 的突破时间定义为出口 CO 浓度达到 k 时的时间($0 < k \leqslant 2 \times 10^{-4}$):

$$t_{H_2} = t(x_{H_2} = 0.02 x_{H_2\_balanced}) \tag{4-5}$$

$$t_{CO_2} = t(x_{CO_2} = 0.02 x_{CO_2\_balanced}) \tag{4-6}$$

$$t_{CO\_k} = t(x_{CO} = k) \tag{4-7}$$

van Selow 等[185]指出在 SEWGS 反应中,在 CO_2 突破之前,几乎所有的 CO 被转化成 CO_2 然后被 CO_2 吸附剂脱除,而只残余 10^{-6} 量级的 CO。因此,K-MG30 的总 CO_2 吸附量定义为

$$q_{CO_2} = [(t_{CO_2} - t_{H_2})Q_{in}x_{CO\_in}M_{CO_2}]/(V_m m_{K\text{-}MG30}) \quad (4\text{-}8)$$

其中,q_{CO_2} 代表总 CO_2 吸附量;Q_{in} 代表总干基入口流量(200 mL/min);x_{CO_in} 代表干基入口气体中 CO 体积分数;M_{CO_2} 代表 CO_2 的摩尔质量;V_m 代表摩尔体积(22.4 L/mol);$m_{K\text{-}MG30}$ 代表 K-MG30 的填料量(23.0 g)。

注意到在 CO 穿透固定床之前,所有的入口 CO 被转化成 CO_2 并且被 K-MG30 吸附,因此定义 q_{CO_k} 代表在 CO 突破之前的 CO_2 吸附量:

$$q_{CO\_k} = [(t_{CO\_k} - t_{H_2})Q_{in}x_{CO\_in}M_{CO_2}]/(V_m m_{K\text{-}MG30}) \quad (4\text{-}9)$$

在实际的使用过程中,为了保证产品气中具有较低浓度的 CO,在 CO 突破之后吸附过程就应该停止。因此除总 CO_2 吸附量 q_{CO_2} 外,在 CO 穿透之前的 CO_2 吸附剂利用率也非常重要,在本章中使用参数 τ_k 来描述,定义如下:

$$\tau_k = q_{CO\_k}/q_{CO_2} = (t_{CO\_k} - t_{H_2})/(t_{CO_2} - t_{H_2}) \quad (4\text{-}10)$$

本章最常用 τ_{20} 作为 CO_2 吸附剂在不同操作工况下的利用率对比依据。

4.4.2　基准工况下的净化效率

图 4.14 显示了基准工况下(400℃,2 MPa,水气比为 2.5,入口气体干基组分为 5% CO、95% He)的测试结果。当 CO 和 H_2O 同时进入固定床时,它们在 Fe-Cr 催化剂表面转化成 CO_2 和 H_2。产生的 CO_2 又被 K-MG30 吸附,因此打破了原有的 WGS 反应均衡。从图 4.14 可以发现 H_2 在 27.2 min 穿透固定床,这是由固定床和气液分离罐的死体积导致的。根据 H_2 的突破时间可以计算得到死体积为 659.8 mL。通过去除气液分离罐并且在背压阀之后增加填充 $CaCl_2$ 的干燥管用于除水,可以减少系统死体积。虽然该系统具有较大的死体积,但是它的影响可以通过在计算 q_{CO_2} 和 q_{CO} 时减去 H_2 的突破时间来除去。随后,CO 在 40 min 左右时开始突破,并且在 44.1 min 时达到 2×10^{-5},相当于 0.328 mmol/g 的有效 CO_2 吸附量。Leon 等[68,153]指出随着 CO_2 吸附的进行,K-LDO 的吸附热下降并且吸附活化能增加,表明对 CO_2 分子的吸引能力逐渐下降。因此,虽然出口气体中 CO_2 的浓度过低以至于无法用质谱仪检测出来,但是微量的 CO_2 已经开始出现在固定床体相中,从而造成 CO 的突破。WGS 热力学平衡计算表明如果反应器体相中有 1.5×10^{-4} 的残余 CO_2,那么残余 CO

的浓度就能到达 10^{-5}。CO_2 在 53.6 min 开始突破固定床并且在 100 min 之后稳定在 4.5%，相当于 0.513 mmol/g 的总 CO_2 吸附量。根据式（4-10）计算得到基准工况下的 τ_{20} 为 0.64。

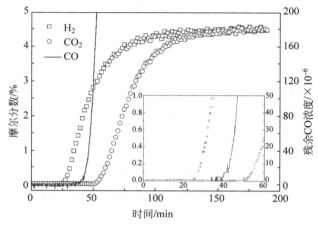

图 4.14　在 400℃ 和 2 MPa 下的典型测试结果

水气比为 2.5，原料气 CO 浓度为 5%

4.4.3　循环性能表征

图 4.15(a)显示了复合系统在 400℃，2 MPa，水气比为 1.25，入口气体干基组分为 5% CO，95% He 时的循环性能。

在四次循环中可以观察到相似的 H_2 突破时间，因此说明测试方法的可重复性。在前三个循环中 CO 和 CO_2 的突破时间逐渐减少，这表明 K-MG30 的 CO_2 吸附性能直到第四个循环才能稳定。图 4.15(b)定量对比了四个循环中 q_{CO_2} 和 q_{CO_20} 的大小，其结果符合上述分析。同时，可以观察到在循环测试过程中，τ_{20} 从第一个循环的 0.67 减少到了第四个循环的 0.56。其他研究者也指出 K-LDO 在前几个 CO_2 吸附循环中存在性能衰减[82,104]。事实上，当固定吸附温度时 K-MG30 存在一部分不可逆 CO_2 吸附量，并不能通过简单地变压再生。可逆部分的 q_{CO_2} 对于本研究更加有意义，因此本章中所有结果都是经过至少三个循环后获得的。

4.4.4　入口气体 CO 浓度的影响

在 400℃，2 MPa，水气比为 1.25，原料气干基流量为 200 mL/min 的条件下，研究原料气中 CO 浓度（5%～20%）对复合系统净化效率的影响，如

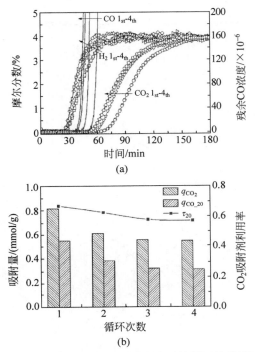

图 4.15　在 400℃ 和 2 MPa 下的复合系统循环性能测试结果

水气比为 1.25，原料气 CO 浓度为 5%

图 4.16 所示。在所有原料气 CO 浓度范围内，突破之前残余 CO 浓度都低
于 5×10^{-6}。这个结果表明 K-MG30 在一个较宽的原料气 CO 浓度范围内
对 CO 都有很好的控制能力，因此有理由相信通过复合系统从变换气中提
取高纯氢是有可能的。

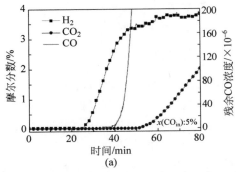

图 4.16　在 400℃ 和 2 MPa 下不同原料气 CO 浓度对复合系统净化效率的影响

水气比为 1.25

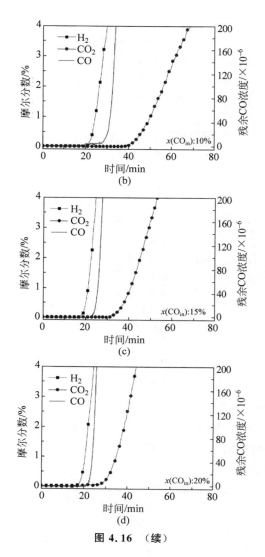

图 4.16 （续）

表 4.3 的数据显示当 $x(CO_{in})$ 从 5％增加到 20％时，q_{CO_2} 从 0.545 mmol/g 增加到 0.935 mmol/g，但是 q_{CO_20} 保持相对稳定（0.302～0.333 mmol/g），对应的 τ_{20} 从 0.55 降到了 0.36。$x(CO_{in})$ 的增加提高了入口 CO 分压，因此提升了 K-MG30 的总 CO$_2$ 吸附量[46,77]。另一方面，$x(CO_{in})$ 的增加也意味着在相同时间内固定床需要处理更多的 CO 和 CO$_2$。K-MG30 的吸附速率有可能不足以吸附所有由于 $x(CO_{in})$ 的增加而额外引入的 CO$_2$ 分子，因

此在固定床体相中会有微量的残余 CO_2，导致 CO 的突破和 τ_{20} 的下降。这也证明了在处理含有较高浓度 CO 和 CO_2 的原料气时，虽然较大的 CO_2 分压会提高总 CO_2 吸附量，但是仍然需要降低进口原料气速率以实现较好的净化效率。

表 4.3　在原料气 CO 浓度为 5%～20% 时复合系统的突破曲线测试结果

原料气工况		突破曲线测试结果		热力学计算		
$x(CO_{in})$ /%	水气比	q_{CO_20} /(mmol/g)	q_{CO_2} /(mmol/g)	τ_{20}	η_{CO}/%	$x(CO_{out})$ /$\times 10^{-6}$
5	1.25	0.302	0.545	0.55	85.1	7144
10	1.25	0.317	0.795	0.40	85.1	13 733
15	1.25	0.316	0.934	0.34	85.1	19 830
20	1.25	0.333	0.935	0.36	85.1	25 488

注：条件为 400℃，2 MPa，水气比为 1.25。

4.4.5　入口气体水气比的影响

水气比是 WGS 反应中重要的参数之一。高水气比有利于提高 CO 的转化率，但同时也会增加系统能耗。在传统的 WGS 反应中，水气比一般控制为 2～4[186]。保持 $x(CO_{in})$ 为 10%，本节研究了在 400℃ 和 2 MPa 下水气比（1.25～10）对净化效率的影响。图 4.17(a)～(e) 显示了不同水气比下 H_2、CO 和 CO_2 在前 80 min 内的突破曲线，图 4.17(f) 总结并对比了测试结果。

本节中采用 τ_{20} 和 τ_{100} 描述 K-MG30 的利用率。可以观察到随着水气比的增加 CO_2 突破时间逐渐减小。当水气比为 1.25 时，CO_2 直到 42.0 min 才开始突破。但是，随着水气比增加到 10 时突破时间降到了 35.3 min。增加的水气比会造成总入口气体流量的增加，因此会影响 CO_2 的突破时间。但是，为了最小化吸附动力学对饱和 CO_2 吸附量计算精度的影响，本节中所有的工况的空速都低于 400 h^{-1}。因此，除去可能会造成微量 CO 和 CO_2 的残留，总入口气体流量对 q_{CO_2} 的影响可以忽略不计。

前期研究发现合成气中的水蒸气会提高 K-LDO 的 CO_2 吸附性能[61]。但是，最新的研究表明较高浓度的水蒸气会和 CO_2 形成竞争吸附[91]。这个观点和本章的实验结果相符。此外，可以发现当水气比超过 3.75 时，在

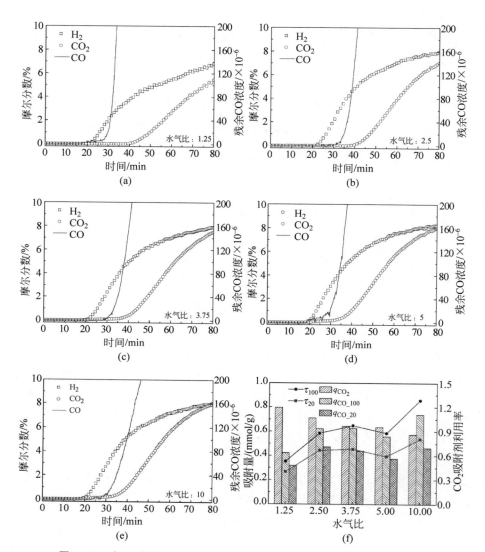

图 4.17　在 400℃和 2 MPa 下不同水气比对复合系统净化效率的影响

原料气 CO 浓度为 10%

突破之前残余 CO_2 浓度有轻微的上升。这表明高水气比会减弱 K-MG30 对 CO_2 的控制能力。当水气比为 1.25～5，q_{CO_20} 在 2.5 时达到最高值 0.472 mmol/g。q_{CO} 的值取决于 K-MG30 的 CO_2 吸附量和动力学。当水气比为 1.25 时，由于较低的 CO 转化率，平衡 CO 浓度(1.67%)较高。为了将 CO 浓度控制在 2×10^{-5}，要求 CO_2 浓度至少在 5.8×10^{-5} 以下，这比水气比为 2.5 时的要求（3.498×10^{-4}）高很多。因此，当水气比较低时，反应器体相中的残余 CO_2 更容易造成 CO 的突破。当水气比超过 2.5 时，q_{CO} 的降低主要由 K-MG30 的总 CO_2 吸附量的下降导致。如果水气比继续增加到 10，CO 的突破曲线开始变平坦，这也可以通过 q_{CO_20} 和 q_{CO_100}（或 τ_{20} 和 τ_{100}）之间的间隔来定量描述，这是由在较高水气比下 CO 平衡浓度较低导致的（在水气比为 10 时平衡浓度为 8.56×10^{-4}）。因此，虽然 CO 开始突破的时间并没有发生明显的变化，在水气比为 10 的情况下，计算得到的 q_{CO} 还是要高于水气比为 5 时的结果。综合考虑复合系统的能耗和净化效率，在这些工况下合理的水气比为 2.5～2.75。当将 $x(CO_{in})$ 保持在 5% 时可以得到相似的结论，如表 4.4 所示。

表 4.4　在水气比为 1.25～10 时复合系统的突破曲线测试结果

原料气工况		突破曲线测试结果		热力学计算		
$x(CO_{in})$ /%	水气比	q_{CO_20} /(mmol/g)	q_{CO_2} /(mmol/g)	τ_{20}	η_{CO}/%	$x(CO_{out})$ /$\times 10^{-6}$
5	1.25	0.302	0.545	0.55	85.1	7144
5	2.5	0.328	0.513	0.64	95.0	2370
5	3.75	0.317	0.503	0.63	97.1	1388
5	5	0.365	0.466	0.78	97.9	979

注：条件为 400℃，2 MPa，$x(CO_{in})$ 为 5%。

4.4.6　单塔总压和温度的影响

之前的分析全都基于相同的工作温度（400℃）和压力（2 MPa）。对于 K-LDO，操作温度和压力对 CO_2 吸附性能具有较大的影响[46,79]。本节研究了在不同压力（1 MPa、2 MPa 和 3 MPa）与温度（350℃、400℃ 和 450℃）下 K-MG30 对 CO 的控制能力，如图 4.18 所示。其中入口气体为 5% CO 和 95% He，水气比为 2.5。

为了方便对比，忽略了 H_2 突破之前的时间。从图 4.18(a) 可以发现由于 CO_2 分压的增加（对于 $p_{tot} = 1$ MPa，2 MPa 和 3 MPa，$p_{CO_2} = 0.05$ MPa、0.10 MPa 和 0.15 MPa），q_{CO_2} 持续增加，这已经由 4.4.4 节证明。随着操

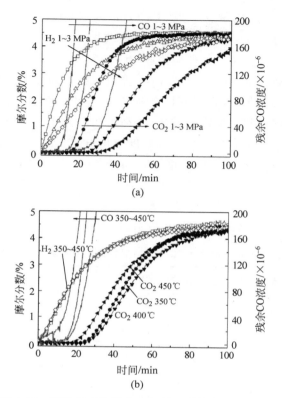

图 4.18　不同温度和压力对复合系统净化效率的影响
水气比为 2.5,原料气 CO 浓度为 5%

作压力的增加,突破曲线的斜率逐渐下降。这主要由 H_2、CO 和 CO_2 在固定床和气液分离罐中更长的扩散时间导致。因此,为了防止斜率的影响,采用 t_{CO_10} 来计算 q_{CO} 和 τ(见表 4.5)。随着总压的增加,q_{CO_10} 从 0.187 mmol/g 增加到 0.486 mmol/g,而 τ_{10} 从 0.56 增加到 0.73。对 CO 控制能力的提升主要归功于 K-MG30 在更高 CO_2 分压下 CO_2 吸附量的提升。注意到这部分的结果和 4.4.4 节的结论有所不同,这是因为此处入口 CO 流量没有发生改变。图 4.18(b)显示了操作温度的影响。可以观察到复合系统在 350~400℃ 具有相似的性能,但是当温度升高到 450℃ 时性能急剧下降。在 350℃、400℃ 和 450℃ 时 q_{CO_20} 分别是 0.358,0.328 和 0.179 mmol/g,这证明了高于 450℃ 的操作温度下,K-MG30 会失去对微量 CO_2 的控制能力,因此微量 CO 开始出现在出口气体中。

表 4.5　在总压为 1～3 MPa 和温度为 350～450℃ 时复合系统的突破
曲线测试结果

原料气工况		突破曲线测试结果			热力学计算			
p_{tot} /MPa	T /℃	q_{CO_10} /(mmol/g)	q_{CO_20} /(mmol/g)	q_{CO_2} /(mmol/g)	τ_{10}	τ_{20}	η_{CO} /%	$x(CO_{out})$ /$\times 10^{-6}$
1	400	0.187	0.216	0.333	0.56	0.65	95.0	2370
2	400	0.302	0.328	0.513	0.59	0.64	95.0	2370
3	400	0.486	0.537	0.662	0.73	0.81	95.0	2370
2	350	0.313	0.358	0.481	0.65	0.74	96.9	1470
2	450	0.052	0.179	0.386	0.13	0.47	92.8	3464

注：条件为水气比为 2.5，$x(CO_{in})$ 为 5%。

4.4.7　H$_2$ 作为平衡气时的净化效率

在工业应用中，变换气中存在大量的 H$_2$，从而抑制了 CO 向 CO$_2$ 的转化。为了研究 H$_2$ 对复合系统的影响，研究了原料气为 5% CO 和 95% H$_2$ 时的净化效率，其中操作工况为 400℃ 和 2 MPa，干基原料气流量为 200 mL/min，水气比为 1.25～5。测试结果如图 4.19 所示。可以看到 CO 的增加存在两个阶段。首先，在 H$_2$ 突破之后，CO 立刻开始出现。CO 的浓度先是缓慢而线性地增加到 $1.475 \times 10^{-4} \sim 2.050 \times 10^{-4}$，然后再快速增加，表明 CO 彻底突破固定床。这种现象和之前的实验结果不同，即在 CO 突破之前残余 CO 浓度可以低于 10^{-5}。

有关 CO 的残留存在两种解释：①原料气中大量的 H$_2$ 增加了平衡 CO 浓度，从而在 K-MG30 相同的 CO 控制能力下增加了残留的可能性（见表 4.6）；②在前几个吸附/解吸循环后仍有一部分的 CO$_2$ 被吸附在 K-MG30 表面。当通入 H$_2$ 时，H$_2$ 和这部分的 CO$_2$ 发生逆 WGS 反应从而产生 CO 进入产品气。如果产品气要应用于 PEMFC 则需引入额外的 CO 净化设备。在所测试的工况下 CO$_2$ 在 36.9～42.0 min 突破，相当于 0.477～0.569 mmol/g 的 q_{CO_2}。

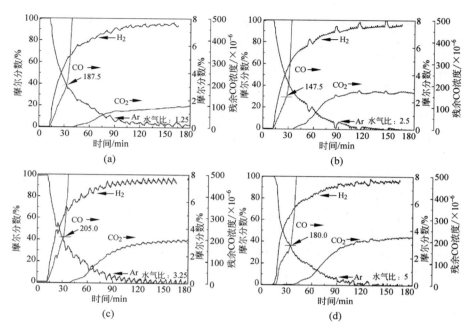

图 4.19　在 400℃ 和 2 MPa 下 H₂ 作为平衡气时复合系统的净化效率

水气比为 1.25～5,原料气 CO 浓度为 5%

表 4.6　H₂ 作为平衡气时复合系统的突破曲线测试结果

原料气工况		突破曲线测试结果			热力学计算		
$x(CO_{in})$ /%	水气比	q_{CO_bt} /(mmol/g)	$x(CO_{bt})$ /$\times 10^{-6}$	q_{CO_2} /(mmol/g)	τ_{bt}	η_{CO} /%	$x(CO_{out})$ /$\times 10^{-6}$
5	1.25	0.382	187.5	0.569	0.67	36.9	31 002
5	2.5	0.302	147.5	0.477	0.63	55.5	21 696
5	3.75	0.374	205.0	0.553	0.68	65.9	16 546
5	5	0.372	180.0	0.480	0.78	72.4	13 327

注：条件为 400℃,2 MPa,$x(CO_{in})$ 为 5%,水气比为 1.25～5。

4.5　复合单塔建模

4.5.1　建模方法

复合系统模型耦合了固定床模型、CO_2 吸附模型、WGS 反应模型和气液分离罐模型,并采用实验数据进行标定和验证。为了简化建模过程进行如下假设：

① 气体在固定床中的流动状态为轴向平推流。

② 混合气体满足理想气体状态方程。

③ 固定床温度假设为常数，并且忽略反应和吸附放热。

④ 忽略吸附剂/催化剂颗粒内部扩散。

（1）吸附模型

本章采用郑妍等[44,96]建立的基元动力学吸附模型。简单来说，模型包含三个可逆反应，即存在三种 CO_2 吸附位点（O(s)、D、E）。其中，O(s)代表由不饱和氧产生的快速吸附位点；D 代表无钾修饰的吸附位点；E 代表钾修饰的吸附位点。体相的 CO_2 首先快速被位点 O(s) 吸附形成结合力较小的 A 相，然后再和位点 D 和 E 反应分别形成 B 相或 C 相。由于钾的修饰作用，位点 E 相比于位点 D 具有更快的反应速率。该模型的反应公式和物理意义如下：

$$CO_2(g) + O(s) \longleftrightarrow A, \quad CO_2(g) + O(s) \longleftrightarrow CO_2(ad) \tag{4-11}$$

$$E + A \longleftrightarrow B, \quad Mg\text{-}O\text{-}K + CO_2 \longleftrightarrow Mg\text{-}O\text{-}K\text{-}CO_2 \tag{4-12}$$

$$D + A \longleftrightarrow C, \quad Mg\text{-}O + CO_2 \longleftrightarrow Mg\text{-}O\text{-}CO_2 \tag{4-13}$$

根据以上模型可以得到具体的计算公式如下：

$$\frac{dq_A}{dt} = k_{1f} q_{O(s)} p_{CO_2} - k_{1b} q_A - k_{2f} q_A q_E + k_{2b} q_B - k_{3f} q_A q_D + k_{3b} q_C \tag{4-14}$$

$$\frac{dq_B}{dt} = k_{2f} q_A q_E - k_{2b} q_B \tag{4-15}$$

$$\frac{dq_C}{dt} = k_{3f} q_A q_D - k_{3b} q_C \tag{4-16}$$

$$q_{total} = q_B + q_C + q_D + q_E \tag{4-17}$$

$$x_K = (q_B + q_E)/(q_C + q_D) \tag{4-18}$$

根据 Kee 等[187]所提到的非均相反应理论，反应速率 k_{1f} 可以计算如下：

$$k_{1f} = [A_{1f} \exp(-E_{1f}/RT) SA] / (q_{AS} \sqrt{2\pi M_g RT}) \tag{4-19}$$

其中：

$$q_{AS} = \eta(q_D + q_E) \tag{4-20}$$

$$\eta = \eta_0 (SA/SA + 1) \sqrt{p_{CO_2}/p_0} \tag{4-21}$$

其他反应速率采用阿累尼乌斯形式的反应动力学表达式：

$$k_i = A_i \text{EXP}(-E_i/RT), \quad i = 1b, 2f, 2b, 3f, 3b \tag{4-22}$$

引入 Elovich 公式用以计算活化能 E_{1f} 和 E_{1b}。模型假设 K-MG30 的吸附热随着 CO_2 表面覆盖率线性变化[68,153]：

$$E_{1f} = E_{1f}^0 + \alpha q_A / q_{AS} \tag{4-23}$$

$$E_{1b} = E_{1b}^0 - \beta q_A / q_{AS} \tag{4-24}$$

K-MG30 的总吸附量通过加和 q_A、q_B、q_C 的吸附量计算得到：

$$\text{rate}_a = \frac{dq}{dt} = \left(\frac{dq_A}{dt} + \frac{dq_B}{dt} + \frac{dq_C}{dt} \right) \Big/ \left[1 + (q_{A,0} + q_{B,0} + q_{C,0}) M_{CO_2} \right] \tag{4-25}$$

表 4.7 列出了模型所用拟合参数取值。

表 4.7　吸附模型动力学参数拟合值

参　　数	拟　合　值	参　　数	拟　合　值
A_{1f}	7.30×10^{-6}	E_{3f}	6.00×10^4
E_{1f}	$49\,000 + 701\,000 \times q_A / q_{AS}$	A_{3b}	3.95
A_{1b}	26.8	E_{3b}	5.80×10^4
E_{1b}	$60\,000 - 85\,000 \times q_A / q_{AS}$	SA	2.1×10^4
A_{2f}	2.01×10^6	q_{total}	4.704
E_{2f}	1.00×10^5	x_K	1.091
A_{2b}	4.54×10^3	$q_{A,0}$，$q_{B,0}$	0
E_{2b}	6.50×10^4	$q_{C,0}$	1.8
A_{3f}	373	η_0	0.79

（2）WGS 反应模型

本章采用辽宁海泰科技有限公司的商业高温 Fe-Cr 变换催化剂 HT-B113（Fe_2O_3：80%～95%，Cr_2O_3：5%～15%），其动力学采用幂律速率模型描述。详细的动力学参数参考 Hla 等[184]的工作：

$$\text{rate}_C = 4.436 \exp\left(\frac{-88\,000}{RT} \right) p_{CO}^{0.9} p_{H_2O}^{0.31} p_{CO_2}^{-0.156} p_{H_2}^{-0.05} \left(1 - \frac{1}{K_{eq}} \frac{p_{CO_2} p_{H_2}}{p_{CO} p_{H_2O}} \right) \tag{4-26}$$

（3）固定床模型

固定床模型考虑固定床气相的质量和动量守恒。气相质量守恒计算如下：

$$\varepsilon_b \frac{\partial C_i}{\partial t} = -\varepsilon_b \frac{\partial}{\partial z}(v C_i) + \varepsilon_b \frac{\partial}{\partial z}\left(D_{b,i} \frac{\partial C_i}{\partial z} \right) - C_{transfer,i},$$
$$z \in (0, L_b), i \in \text{nocomp} \tag{4-27}$$

$$C_{\text{transfer},i} = \frac{\text{vol\_ratio}_{\text{a/c}}}{1 + \text{vol\_ratio}_{\text{a/c}}} (1 - \varepsilon_{\text{b}}) \rho_{\text{a}} \text{sto}_{\text{a},i} \text{rate}_{\text{a}} +$$
$$\frac{1}{1 + \text{vol\_ratio}_{\text{a/c}}} (1 - \varepsilon_{\text{b}}) \rho_{\text{c}} \text{sto}_{\text{c},i} \text{rate}_{\text{c}} \qquad (4\text{-}28)$$

边界条件如下:

$$v_{\text{in}} C_{\text{in},i} = v(0) C_i(0) - \varepsilon_{\text{b}} D_{\text{b},i} \frac{\partial C_i(0)}{\partial z}, \quad z = 0, i \in \text{nocomp} \qquad (4\text{-}29)$$

$$\frac{\partial C_i(L_{\text{b}})}{\partial z} = 0, \quad z = L_{\text{b}}, i \in \text{nocomp} \qquad (4\text{-}30)$$

其中,CO_2 对应的 sto_{a} 为 1,其他气体为 0;CO_2 和 H_2 对应的 sto_{c} 为 -1,CO 和 H_2O 为 $+1$,惰性气体为 0。

气相动量守恒方程采用 Ergun 公式描述:

$$-\frac{\partial p}{\partial z} = \frac{150\mu(1-\varepsilon_{\text{b}})^2}{\varepsilon_{\text{b}}^3 d_{\text{p}}^2} v + \frac{1.75 \times (1-\varepsilon_{\text{b}})\rho_{\text{g}}}{\varepsilon_{\text{b}}^2 d_{\text{p}}} \mid v \mid v, \quad z \in (0, L_{\text{b}}) \qquad (4\text{-}31)$$

边界方程如下:

$$v_{\text{in}} \sum_i C_{\text{in},i} = v(0) \sum_i C_i, \quad z = 0 \qquad (4\text{-}32)$$

$$\frac{\partial v(L_{\text{b}})}{\partial z} = 0, \quad z = L_{\text{b}} \qquad (4\text{-}33)$$

二元分子扩散采用 Chapman-Enskog 公式:

$$D_{\text{binary},ij} = \left[0.0188 T^{\frac{3}{2}} \left(\frac{1}{MW_i} + \frac{1}{MW_j} \right)^{\frac{1}{2}} \right] \Big/ \left[p \left(\frac{\sigma_i + \sigma_j}{2} \right)^2 \Omega \right],$$
$$i, j \in \text{nocomp} \qquad (4\text{-}34)$$

多元分子扩散可以通过式(4-35)简化计算得到:

$$D_{\text{b},i} = (1 - y_i) \Big/ \left(\sum_{j \neq i} \frac{x_j}{D_{\text{binary},ij}} \right), \quad i, j \in \text{nocomp} \qquad (4\text{-}35)$$

计算时将固定床沿轴向分成 500 个离散点,并使用 1 阶精度的向后差分算法(BFDM)。表 4.8 列出了固定床模型的取值。

表 4.8　固定床模型参数拟合值

参　　数	拟　合　值
ε_{b}	0.717
L_{b}	0.5
D_{b}	0.016

参　数	拟　合　值
ρ_a	970.1
ρ_c	3122.4
D_p	0.005
vol_ratio$_{a,c}$	5
p_{in}	2.02×10^6
T	673.15
σ_j	CO$_2$ 3.763,H$_2$ 2.920,CO 3.650,H$_2$O 2.605
Ω	1
$\mu \times 10^5$	CO$_2$ 3.05,H$_2$ 1.57,CO 3.11,H$_2$O 2.45

（4）气液分离罐模型

为了增加实验和模型的可比性，还建立了气液分离罐模型如下：

$$V_d \frac{\mathrm{d}C_{d,i}}{\mathrm{d}t} = v(L_b)(1 - x_{H_2O}(L_b))S_b \frac{T_d}{T(L_b)} \times$$

$$\left(\frac{x_i(L_b)}{1 - x_{H_2O}(L_b)} \sum_i C_i(L_b) - C_{d,i} \right), \quad i \neq H_2O \quad (4\text{-}36)$$

$$x_i = \frac{C_{d,i}}{\sum_i C_{d,i}}, \quad i \in \text{nocomp} \quad\quad (4\text{-}37)$$

其中，气液分离罐温度 $T(L_b)$ 为 8℃，体积 V_d 为 300 mL。

4.5.2　CO,CO$_2$ 和 H$_2$ 突破曲线拟合

在所有的实验和模拟工作中采用统一的操作工况：400℃,2 MPa 和 200 mL/min 原料气流量（干基）。图 4.20(a)～(f)显示了当原料气干基组分为 5% CO,95% He 时,CO,CO$_2$ 和 H$_2$ 的突破曲线。首先,原料气中的 CO 和 H$_2$ 在 WGS 催化剂表面反应转化成 CO$_2$ 和 H$_2$,产生的 CO$_2$ 又被 K-MG30 吸附,从而进一步促进了 CO 的转化。因此,在实验开始后 H$_2$ 首先穿透固定床。随着 CO$_2$ 吸附量的增加,K-MG30 对 CO$_2$ 分子的吸引能力逐渐下降,因此吸附动力学开始衰减。一部分微量 CO$_2$ 开始出现在固定床体相中,从而引起 CO 的突破。在 K-MG30 达到饱和吸附量时,大量 CO$_2$ 开始出现在出口气体中。

从图 4.20(a)～(c)可以看出当水气比保持在 1.25 时,计算得到的

WGS 热力学平衡 CO 浓度为 7.144×10^{-3}。但是在复合系统中,实验和模拟结果均显示当 CO 突破之前,出口气体残余 CO 浓度可以被控制在 5×10^{-5} 以下。注意到在模拟第二个和第三个循环时,在 CO 突破之前已经有一部分的残余 CO。当原料气组分为 5% CO 和 95% H_2 时可以从实验和模拟结果中观察到相似的结论(见图 4.20(g)~(h))。这是因为给定的吸附速率没有快到可以在由于低水气比和高 H_2 浓度导致的高 WGS 平衡 CO 浓度工况下吸附所有产生的 CO_2。表 4.9 列出了在 400℃,2 MPa,2.5 水气比和 5% CO/95% He 工况下出口气体残余 CO 和 CO_2 浓度。由于存在不可逆吸附,CO 和 CO_2 的突破时间在第二个循环中开始减小,但是自第三个循环开始保持相对稳定。在中温变压吸附中,无法直接使用不可逆吸附量[34]。因此,本章用于分析和对比的所有实验结果都来自至少第三个吸附/解吸循环后的数据。

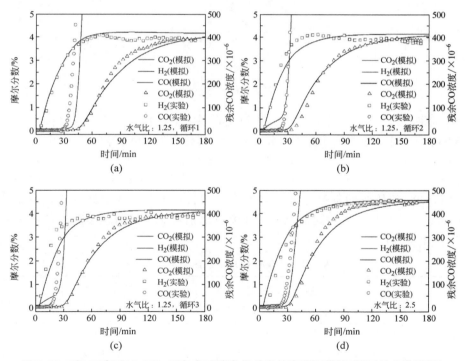

图 4.20　在 400℃ 和 2 MPa 下复合系统净化效率的实验和模拟对比(见文前彩图)

原料气干基流量为 200 mL/min,原料气 CO 浓度为 5%,平衡气为 He 或 H_2,水气比为 1.25~5

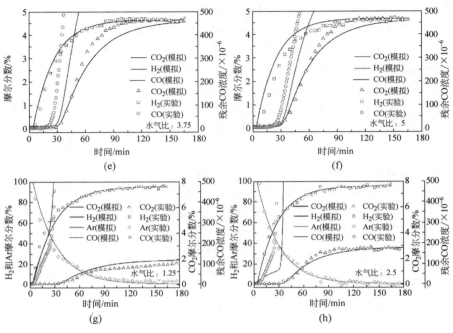

图 4.20　（续）

图 4.20(c)~(f)阐述了水气比对复合系统净化性能的影响。在传统的 WGS 反应中,需要采用较高的水气比以实现较高的 CO 转化率。在水气比为 1.25,2.5,3.75,5 时,WGS 热力学平衡 CO 浓度分别是 7.144×10^{-3},2.370×10^{-3},1.388×10^{-3} 和 0.979×10^{-3}。在复合系统中,水气比的增加对总 CO$_2$ 吸附量的贡献有限。但是,它可以抑制 CO 的残留并且有效增加 CO 的突破时间。在相同情况下 CO 突破之前残余 CO 浓度分别是 7.4×10^{-5},2.5×10^{-5},1.9×10^{-5} 和 1.5×10^{-5}。

表 4.9　残余 CO 和 CO$_2$ 浓度热力学计算结果

CO$_2$ 捕集率/%	残余 CO 浓度（干基）/$\times 10^{-6}$	残余 CO$_2$ 浓度（干基）/$\times 10^{-6}$
0	2365.3	45 325.5
90	281.6	4942.6
99	28.7	499.0
99.9	2.9	49.9

为了研究复合系统在真实合成气制高纯氢工况下的残余 CO 浓度,将原料气切换成 5% CO 和 95% H_2(见图 4.20(g)～(h))。在所研究工况中 CO 泄漏量为 $5×10^{-5}$～$2×10^{-4}$,因此有必要进一步提高 CO_2 吸附剂的吸附动力学或者提高水气比。

4.5.3　复合单塔轴向 CO 和 CO_2 浓度分析

图 4.21 显示了固定床内 CO 和 CO_2 沿轴向的浓度分布。

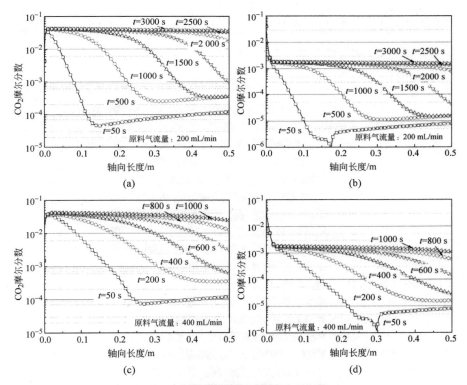

图 4.21　固定床轴向 CO 和 CO_2 浓度分布

原料气为 5% CO/95% He,水气比为 2.5,原料气干基流量为 200 mL/min 的(a)、(b)和 400 mL/min 的(c)、(d)

大部分 CO 在进入单塔 0.02 m 内转化成了 CO_2,这说明在所设置的填料比情况下 WGS 反应动力学足够快。因此 CO_2 吸附变成速率控制步骤。当原料气流量控制在 200 mL/min 时,出口气体残余 CO_2 浓度可以在 1500 s 内控制在 $3.5×10^{-4}$ 以下,对应 $1.5×10^{-5}$ 的 CO 泄漏量。之后,CO_2 浓度前沿到达固定床出口,导致了 CO 和 CO$_2$ 的突破。当原料气流量增加到 400 mL/min 时,CO$_2$ 浓度分布曲线明显变宽。在 CO$_2$ 吸附剂吸附饱和之前,部分 CO$_2$ 开始出现在固定床气相中。由于 CO$_2$ 的残留,残余 CO 浓度在 400 s 内就达到了 2.8×10^{-6}。

4.5.4　有效 CO$_2$ 吸附量预测

另外一种表征复合系统净化效率的方法是通过出口气体残余 CO 浓度将总 CO$_2$ 吸附量分成几个区域。在 CO$_2$ 突破之前,在不同时期产品气中含有不同浓度的残余 CO。本节研究了具有不同水气比、原料气流量、原料气 CO 浓度和平衡气种类的 17 个工况(见图 4.22)。

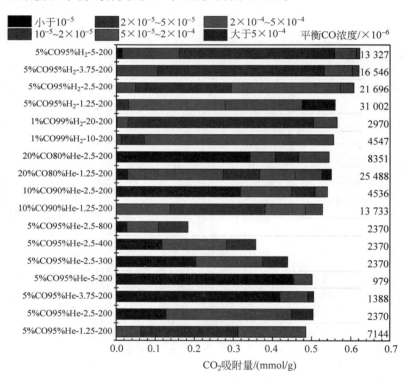

图 4.22　总 CO$_2$ 吸附量和有效 CO$_2$ 吸附量的预测(见文前彩图)

每个工况的命名方法是原料气浓度-水气比-原料气流量

将总 CO$_2$ 吸附量通过出口气体分别达到小于 10^{-5}、$10^{-5} \sim 2 \times 10^{-5}$,$2 \times 10^{-5} \sim 5 \times 10^{-5}$,$5 \times 10^{-5} \sim 2 \times 10^{-4}$,$2 \times 10^{-4} \sim 5 \times 10^{-4}$ 和大于 5×10^{-4}

这 6 个等级。图 4.22 的右侧显示了每个工况下 WGS 热力学平衡 CO 浓度。结果清楚地表明在所研究的工况中 K-MG30 的总 CO_2 吸附量为 $0.5 \sim 0.6$ mmol/g。出口气体残余 CO 浓度可以从原来 WGS 热力学平衡的 $0.1\% \sim 3.0\%$ 被控制到 5×10^{-5} 以下，甚至在某些工况下被控制到 10^{-5} 以下。增加水气比可有效降低残余 CO 浓度，但是对总 CO_2 吸附量的改善有限。固定床的空速需要不超过 600 h^{-1}（工况 2），因为更高的原料气流量会显著降低 CO_2 吸附量。当原料气中含有 95% 或 99% 的 H_2 时，残余 CO 浓度达到了 $2 \times 10^{-5} \sim 5 \times 10^{-5}$。为了进一步限制残余 CO 浓度需要更高的水气比或者采用具有更加优良的吸附动力学的 CO_2 吸附剂。

4.6　本章小结

本章提出了用于深度净化富氢气体中 CO 和 CO_2 的新系统。该系统包含中温 CO_2 吸附剂和 WGS 催化剂，其中通过降低干基出口气体残余 CO_2 浓度到 10^{-4} 量级以下可以将残余 CO 浓度降到 10^{-5} 以下，以满足 PEMFC 的工业标准。决定残余 CO_2 浓度的关键因素是总的解吸气体流量。在一个较宽的解吸气体流量范围内（$50 \sim 500$ mL/min），残余 CO_2 浓度和解吸气量的乘积是一个定值。当将解吸气体的流量增加到 300 mL/min 时，K-MG30 的残余 CO_2 浓度可以低至 6.108×10^{-4}。但是，进一步增加气体流量对恢复吸附剂 CO_2 吸附量作用有限。蒸汽解吸可以促进 K-MG30 吸附量的恢复，但是并没有直接的证据表明水蒸气解吸相比于惰性气体解吸可以更加有效地降低残余 CO_2 浓度。

固定床可以被看作一系列吸附层的组合，在每层中，CO_2 浓度被 CO_2 吸附热力学平衡限制。因此，通过降低入口 CO_2 平衡分压可以极大地降低残余 CO_2 浓度。增加总压可以有利于在高入口气体流量下稳定出口气体组分的波动，并且提高 CO_2 吸附量。但是，它对残余 CO_2 浓度的有利影响会被增加的入口 CO_2 平衡分压所抵消。值得注意的是，在 K-MG30 吸附饱和后完全再生其 CO_2 控制能力需要消耗大量的解吸蒸汽。因此，提出了一种新的吸附/解吸过程。该过程包括吸附、蒸汽冲洗、降压、蒸汽解吸、充压和高温蒸汽解吸等工序。主要的设计思路是在吸附/解吸循环中保持固定床出口侧 K-MG30 的微量 CO_2 控制能力。一旦这个控制能力丢失了，需要采用一个长时间解吸或变温再生工序进行恢复。实验证明在经过 12 h 的 300 mL/min 的 Ar 解吸后，残余 CO_2 浓度可以控制在 8.5×10^{-6} 以下，CO_2 吸附量恢复到 0.418 mmol/g。在经过 12 h 的 450℃变温再生后，残

余 CO_2 浓度和吸附量可以分别达到 3.2×10^{-6} 和 0.583 mmol/g。

随后,本章研究了基于 CO_2 吸附剂 K-MG30 和高温 WGS 催化剂 Fe_2O_3/Cr_2O_3 的复合系统的残余 CO 浓度。本章首次提出了 CO_2 吸附剂的利用率 τ,即采用总 CO_2 吸附量 q_{CO_2} 和 CO 突破之前的 CO_2 吸附量 q_{CO}(也称有效 CO_2 吸附量)来定量描述净化效率。实验结果表明当入口气体为 CO 和 Ar 且 CO 浓度为 $5\%\sim20\%$ 时,残余 CO 浓度可以低于 10^{-5},而 τ_{20} 为 $0.34\sim0.81$。在循环试验中,K-MG30 的总 CO_2 吸附量和 CO 净化效率在第三个循环后可以保持稳定。随着 $x(CO_{in})$ 从 5% 增加到 20%,q_{CO_2} 从 0.545 mmol/g 增加到 0.935 mmol/g,但是 q_{CO_20} 保持相对稳定($0.302\sim0.333$ mmol/g)。由于 WGS 热力学平衡和 H_2O 的竞争吸附的共同作用,因此存在一个最优的水气比 2.5,此时 q_{CO_20} 达到优化值 0.472 mmol/g($400℃$,2 MPa,$x(CO_{in})$ 为 10%)。随着总压的增加,q_{CO_10} 从 0.187 mmol/g 增加到 0.486 mmol/g,而 τ_{10} 从 0.56 增加到 0.73。复合系统在 $350℃$ 和 $400℃$ 具有相似的净化效率,但是当温度高于 $450℃$ 时净化性能急剧下降。当 H_2 作为平衡气时,存在 $1.475 \times 10^{-4}\sim2.050 \times 10^{-4}$ 的 CO 泄漏量,这是由更高的 CO 平衡浓度和 K-MG30 表面吸附的微量 CO_2 导致的。

最后,本章通过耦合 CO_2 吸附基元反应动力学模型和高温 WGS 模型搭建了复合系统模型,并使用固定床实验数据对模型进行验证。采用 K-MG30 和 Fe_2O_3/Cr_2O_3 作为中温 CO_2 吸附剂和 WGS 催化剂。结果表明当操作工况为 $400℃$,2 MPa,5% CO/95% Ar,1.25 水气比时,复合系统的残余 CO 浓度可以从原来 WGS 热力学平衡的 7.144×10^{-3} 被控制到低于 5×10^{-5}。水气比的增加对总 CO_2 吸附量的影响有限,但是可以明显抑制 CO 的残留并且增加 CO 突破时间。当采用由于低水气比或者高原料气 H_2 浓度而引起的高 WGS 平衡 CO 浓度时,吸附剂的吸附动力学不足以完全吸附产生的 CO_2。当采用真实合成气工况时,会产生 $5 \times 10^{-5}\sim2 \times 10^{-5}$ 的残余 CO。此外还研究了 CO 和 CO_2 沿固定床轴向的浓度分布,结果表明 CO_2 吸附为速率限制步骤。当原料气速率为 200 mL/min 时,残余 CO_2 浓度可以在 1500 s 内被控制到低于 3.5×10^{-4},导致 1.5×10^{-5} 的残余 CO 浓度。当流量改变为 400 mL/min 时,CO_2 浓度分布曲线明显变宽。由于 CO_2 的残留会导致残余 CO 浓度在 400 s 内就达到 2.8×10^{-5}。模型预测了拥有不同操作工况的 17 个案例。结果表明复合系统的残余 CO 浓度可以从原来 WGS 热力学平衡浓度的 $0.1\%\sim3.0\%$ 被控制到 5×10^{-5} 以下,甚至 10^{-5} 以下。当采用大于 95% H_2 的原料气时,会有 $2 \times 10^{-5}\sim5 \times 10^{-5}$ 的残余 CO 浓度。

第 5 章　中温变压吸附（ET-PSA）系统建模

5.1　本章引论

如何避免富氢气体 CO 和 CO_2 净化过程中 H_2 的损失是净化系统设计的难点之一。在 NT-PSA 制取高纯氢中，H_2 回收率（HRR）和 H_2 纯度（HP）之间存在权衡关系。第 4 章建立了耦合了催化剂/吸附剂的复合单塔模型。本章基于该模型首先提出了带有蒸汽冲洗和蒸汽清洗的 2 塔 7 步 ET-PSA 系统，研究从脱碳气（1% CO、1% CO_2、10% H_2O 和 88% H_2）中深度净化 CO/CO_2 的策略。优化了操作参数以同时实现 HP 和 HRR 的双高，阐述了蒸汽冲洗和蒸汽清洗的影响机制。通过模拟发现蒸汽冲洗和清洗步骤的引入提高了 ET-PSA 的 HP 和 HRR。通过综合考虑净化效率（HP 和 HRR）和能耗（冲洗比和清洗比）提出了优化的运行区间。当使用冲洗比 0.09 和清洗比 0.15 时系统可以在稳态下实现 99.9991% 的 HP 和 99.6% 的 HRR。所设计的 ET-PSA 系统还拥有自净化能力，当吸附塔被 CO_2 穿透后可以自动恢复原有性能，而周期性的热再生可以加速该性能恢复的速率。

随后，本章中提出了一个两段 ET-PSA 用于从典型变换气（29% CO_2、40% H_2、1% CO 和 30% H_2O）中直接制取高纯氢。第一段采用步长较短的 8 塔 13 步 ET-PSA 用于脱除变换气中大部分 CO/CO_2，第二段采用步长较长的 2 塔 7 步 ET-PSA 用于将残余 CO/CO_2 净化到 10^{-6} 量级。本章证明了采用两段 ET-PSA 来实现 HP（大于 99.999%）和 HRR（大于 95%）双高的必要性。在优化操作工况后，ET-PSA 可以达到 99.9994% 的 HP 和 97.51% 的 HRR，是所有同类型 PSA 性能中最高的工况。采用两段 ET-PSA 的设计会带来较高的总蒸汽耗量。因此为了降低蒸汽耗量，本章还提出将第二段 ET-PSA 的尾气用作第一段 ET-PSA 的清洗气的设计思路。

5.2　双塔 ET-PSA 建模及用于脱碳气中温 CO/CO_2 净化

5.2.1　建模方法及参数定义

（1）CO_2 吸附动力学模型

本节搭建的 ET-PSA 模型基于 4.5 节建立的复合单塔，因此首先对建模细节进行总结和回顾。由于脱碳气中 CO 和 CO_2 浓度较低，分压小于 0.1 MPa，因此采用郑妍等[44] 提出的常压基元反应动力学模型以描述 K-LDO 的吸附动力学。表 5.1 列出了吸附模型的数学表达式。

表 5.1　K-LDO 基元反应动力学 CO_2 吸附模型

物理过程	$CO_2(g) + O(s) \longleftrightarrow A$
	$E + A \longleftrightarrow B$
	$D + A \longleftrightarrow C$
吸附动力学模型	$\dfrac{dq_A}{dt} = k_{1f} q_{O(s)} \left(\dfrac{p_{CO_2}}{p_0}\right)^c - k_{1b} q_A - k_{2f} q_A q_E + k_{2b} q_B - k_{3f} q_A q_D + k_{3b} q_C$
	$\dfrac{dq_B}{dt} = k_{2f} q_A q_E - k_{2b} q_B$
	$\dfrac{dq_C}{dt} = k_{3f} q_A q_D - k_{3b} q_C$
	$x_K = \dfrac{q_B + q_E}{q_C + q_D}$
	$q_{total} = q_B + q_C + q_D + q_E$
反应速率	$k_i = A_i \exp(-E_i/RT)$
活化能	$E_{1f} = E_{1f}^0 + \alpha q_A / q_{AS}$
	$E_{1b} = E_{1b}^0 - \beta q_A / q_{AS}$

吸附模型假设体相 CO_2 首先被不饱和氧形成的快速吸附位点 O(s) 吸附，所吸附的 CO_2 然后和钾修饰吸附位点 E 或者未修饰吸附位点 D 反应形成碳酸盐，其中和位点 E 的反应远快于和位点 D 的反应。对于 K-LDO，x_K 代表钾有关的位点和无关位点的比值，q_{total} 代表总 CO_2 吸附量。引入 Elovich 型公式用于描述第一个反应的活化能，即假设活化能和表面覆盖率线性相关[188]。Leon 等[68,153] 通过 FTIR 和微量热法吸附测试证明了 K-LDO 的活化能和表面覆盖率的关系。注意到模型中共有 5 个未知变量 q_A、q_B、q_C、q_D、q_E 和表 5.1 中列出的公式数量相同。总 CO_2 吸附量通过吸附位点 A、B、C 数量的改变计算得到（见式（5-1））。

$$\text{rate}_a = \frac{dq}{dt} = \left(\frac{dq_A}{dt} + \frac{dq_B}{dt} + \frac{dq_C}{dt}\right) \bigg/ \left[1 + (q_{A,0} + q_{B,0} + q_{C,0})M_{CO_2}\right]$$

$$(5-1)$$

模型的提出基于以下实验结果,即 CO_2 在 K-LDO 中的吸附呈现出初始快速的吸附阶段和随后的慢速吸附阶段[74,82],并且 K-LDO 的吸附量在浸渍 K_2CO_3 后增加[160]。Du 等[97]从原位 FTIR 实验中指出在 CO_2 吸附后存在 4 种碳酸盐,分别是单齿、双齿、多配位基和桥接碳酸盐。其中桥接和单齿碳酸盐在经过 1 h 吸附后转变成多配位基碳酸盐。Meis 等[189]指出钾修饰的增强机理为 Mg^{2+} 被 K^+ 的替代在 LDO 表面产生了额外的不饱和氧。本章采用了质量分数为 25% 的 K_2CO_3 修饰的 K-MG30。前期工作已经通过实验校准并验证了动力学参数,见表 5.2[44,190]。

表 5.2　K-MG30 的常压 CO_2 吸附动力学参数

参　数	取　值	参　数	取　值
A_{1f}	$\dfrac{0.74SA}{q_{AS}\sqrt{2\pi M_g RT}}$	A_{3f}	3.73×10^2
E_{1f}^0	4.90×10^4	E_{3f}	6.00×10^4
α	7.00×10^4	A_{3b}	3.95
c	1.00	E_{3b}	5.80×10^4
A_{1b}	2.68×10^1	SA	2.10×10^4
E_{1b}^0	6.00×10^4	q_{total}	4.704
β	8.50×10^4	x_K	1.091
A_{2f}	2.01×10^6	$q_{A,0}$	0
E_{2f}	1.00×10^5	$q_{B,0}$	0
A_{2b}	4.54×10^3	$q_{C,0}$	1.8
E_{2b}	6.50×10^4	q_{AS}	$0.79(q_D+q_E)$

(2) WGS 催化动力学模型

采用辽宁海泰公司的 HT-B113 型高温 WGS 催化剂,该催化剂组分为 $80\%\sim95\%$ Fe_2O_3,$5\%\sim15\%$ Cr_2O_3,少量的 CuO 和其他辅助物。Fe-Cr 催化剂的动力学采用幂率经验公式。详细的动力学参数采用 Hla 等[184]通过差式反应器得到的实验结果:

$$\text{rate}_c = 4.436\exp\left(\frac{-88\,000}{RT}\right)p_{CO}^{0.9}p_{H_2O}^{0.31}p_{CO_2}^{-0.156}p_{H_2}^{-0.05}\left(1 - \frac{1}{K_{eq}}\frac{p_{CO_2}p_{H_2}}{p_{CO}p_{H_2O}}\right)$$

$$(5-2)$$

（3）单塔模型

ET-PSA 循环的动态特性使用一维混填单塔模型，其中吸附剂/催化剂颗粒体积比为 5。模型耦合了 PSA 模拟中常用的质量和动量平衡公式[135,139]。表 5.3 列出了单塔模型的数学公式。模型基于如下假设：

a. 流动形式为轴向分散的平推流；

b. 径向无质量或速度梯度；

c. 塔温在操作过程中设为常数；

d. 体相组分假设为理想气体；

e. 忽略颗粒孔内质量传递；

f. 气相和吸附剂之间的传质速率受表面吸附控制。

表 5.3　带有 CO$_2$ 吸附和 WGS 催化的吸附塔模型

模　型	数　学　公　式
气相质量平衡	$\varepsilon_b \dfrac{\partial C_i}{\partial t} = \varepsilon_b \dfrac{\partial}{\partial z}\left(D_{ax,i} C_T \dfrac{\partial x_i}{\partial z}\right) - \dfrac{\partial}{\partial z}(v C_i) - (1 - \varepsilon_b)\dot{C}_{transfer,i}$
固相质量传递	$\dot{C}_{transfer,i} = \dfrac{\text{vol\_ratio}_{a/c}}{1 + \text{vol\_ratio}_{a/c}}\rho_a \, \text{sto}_{a,i}\, \text{rate}_a + \dfrac{1}{1 + \text{vol\_ratio}_{a/c}}\rho_c \, \text{sto}_{c,i}\, \text{rate}_c$
气相动量平衡	$-\dfrac{\partial p}{\partial z} = \dfrac{150\mu(1-\varepsilon_b)^2}{\varepsilon_b^3 D_p^2} v + 1.75\dfrac{(1-\varepsilon_b)\rho_g}{\varepsilon_b^3 D_p} v\|v\|$
二元分子扩散率（Chapman-Enskog 公式）	$D_{binary,ij} = \dfrac{0.188 T^{\frac{3}{2}}\left(\dfrac{1}{MW_i} + \dfrac{1}{MW_j}\right)^{\frac{1}{2}}}{p\left(\dfrac{\sigma_i + \sigma_j}{2}\right)^2 \Omega}$
多组分分子扩散率	$D_i = \dfrac{1 - y_i}{\sum\limits_{j \neq i} \dfrac{x_j}{D_{binary,ij}}}$
轴向扩散系数	$\dfrac{\varepsilon_b D_{ax,i}}{D_i} = 20 + 0.5 Sc Re, Re = \dfrac{\rho_g v D_p}{\mu}, Sc = \dfrac{\mu}{\rho_g D_i}$

在气相质量平衡中，$\dot{C}_{transfer,i}$ 代表由 CO$_2$ 吸附和 WGS 催化引起的质量传递；vol_ratio$_{a/c}$ 代表吸附剂和催化剂的体积比；sto$_a$ 对 CO$_2$ 为 1，对其他气体为 0；sto$_c$ 对 CO$_2$ 和 H$_2$ 为 -1，对 CO$_2$ 和 H$_2$O 为 $+1$，对其他气体为 0；采用 Ergun 公式描述沿着塔轴向方向的压力下降和速度改变。

Sereno 等[191]指出该稳态公式也可以被有效应用于 PSA 模拟中。该单塔模型中的未知变量为 C_i、v、p,可以通过整合质量平衡公式、Ergun 公式和理想气体状态方程进行求解。多组分分子扩散可以通过二元分子扩散计算得到[177]。轴向扩散系数通过 Wakao 关联式进行求解[192,193]。为了降低计算复杂性,本章采用等温工况。事实上,van Selow 等[104]测试了基于 MG70 的 SEWGS 单元在入口组分为 8% H_2、16% CO_2、10% CO、16% H_2,温度和压力为 400℃与 2.8 MPa 时的塔温,发现温度的波动可以控制在 40℃ 以内。本章中原料气 CO/CO_2 浓度低于以上实验值,因此可以认为采用等温假设是合理的。

　　为了求解以上偏微分方程,表 5.4 列出了 ET-PSA 不同步骤的边界条件。在吸附、蒸汽冲洗和蒸汽清洗步骤中出口压力设为常数。在均压降和逆放中,出口压力使用阀方程描述。在均压升和产品气充压中设定入口流速和气体组分。

表 5.4　ET-PSA 不同步骤的边界条件

步骤	边 界 条 件	
吸附	入口 $z=0$ $\varepsilon_b D_{ax,i}(0)C_T(0)\dfrac{\partial x_i(0)}{\partial z}$ $= v(0)C_i(0) - v_{feed}C_{feed,i}$ $v(0)C(0) = v_{feed}C_{feed}$	出口 $z=L_b$ $\dfrac{\partial C_i(L_b)}{\partial z}=0$ $p(L_b)=p_{feed}$
蒸汽冲洗	入口 $z=0$ $\varepsilon_b D_{ax,i}(0)C_T(0)\dfrac{\partial x_i(0)}{\partial z}$ $= v(0)C_i(0) - v_{rinse}C_{rinse,i}$ $v(0)C(0) = v_{rinse}C_{rinse}$	出口 $z=L_b$ $\dfrac{\partial C_i(L_b)}{\partial z}=0$ $p(L_b)=p_{rinse}$
均压降	$z=0$ $\dfrac{\partial C_i(0)}{\partial z}=0$ $v(0)=0$	出口 $z=L_b$ $\dfrac{\partial C_i(L_b)}{\partial z}=0$ $\dfrac{\partial p(L_b)}{\partial t}=k_{ped}\left[p_{ped}-p(L_b)\right]$
逆放	出口 $z=0$ $\dfrac{\partial C_i(0)}{\partial z}=0$ $\dfrac{\partial p(0)}{\partial t}=k_{dep}\left[p_{dep}-p(0)\right]$	$z=L_b$ $\dfrac{\partial C_i(L_b)}{\partial z}=0$ $v(L_b)=0$

续表

步骤	边 界 条 件	
蒸汽清洗	出口 $z=0$ $$\frac{\partial C_i(0)}{\partial z}=0$$ $p(0)=p_{purge}$	入口 $z=L_b$ $$\varepsilon_b D_{ax,i}(L_b)C_T(L_b)\frac{\partial x_i(L_b)}{\partial z}=v(L_b)C_i(L_b)-v_{purge}C_{purge,i}$$ $$v(L_b)C(L_b)=v_{purge}C_{purge}$$
均压升	$z=0$ $$\frac{\partial C_i(0)}{\partial z}=0$$ $v(0)=0$	入口 $z=L_b$ $$\varepsilon_b D_{ax,i}(L_b)C_T(L_b)\frac{\partial x_i(L_b)}{\partial z}=v(L_b)C_i(L_b)-v_{pep}C_{pep,i}$$ $$v(L_b)C(L_b)=v_{pep}C_{pep}$$
产品气充压	$z=0$ $$\frac{\partial C_i(0)}{\partial z}=0$$ $v(0)=0$	入口 $z=L_b$ $$\varepsilon_b D_{ax,i}(L_b)C_T(L_b)\frac{\partial x_i(L_b)}{\partial z}=v(L_b)C_i(L_b)-v_{pp}C_{pp,i}$$ $$v(L_b)C(L_b)=v_{pp}C_{pp}$$

表 5.5 列出了吸附塔特征参数、操作工况和气体物理性质等参数。在吸附和清洗阶段,向入口气体中加入了 0.1% 的惰性气体(Ar 或 He)用于监测固定床的突破曲线特性。

表 5.5　吸附塔特征参数、操作工况和气体物理性质

参　　数		取　　值
吸附塔特征参数	L_b/m	0.500
	D_b/m	0.016
	ε_b	0.717
	$\rho_a/(kg/m^3)$	970.100
	$\rho_c/(kg/m^3)$	3122.400
	D_p/m	0.005
	vol_ratio$_{a/c}$	5.000
	T/K	673.150

续表

参　数		取　值
操作工况和气体物理性质	$GHSV_{feed}/h^{-1}$	300
	p_{feed}/Pa	3.0×10^6
	x_{feed}	1% CO、10% H_2O、1% CO_2、87.9% H_2、0.1% Ar
	$GHSV_{rinse}/h^{-1}$	300
	p_{rinse}/Pa	3.0×10^6
	x_{rinse}	99.9% H_2O、0.1% He
	$GHSV_{purge}/h^{-1}$	30
	p_{purge}/Pa	1.2×10^5
	x_{purge}	100% H_2O
	$\mu/(Pa\cdot s)$	CO_2：3.05×10^{-5}；H_2：1.57×10^{-5}；CO：3.11×10^{-5}；H_2O：2.45×10^{-5}；He：3.49×10^{-5}；Ar：4.02×10^{-5}
	$\sigma/\text{Å}$	CO_2：3.763；H_2：2.920；CO：3.650；H_2O：2.605；He：2.576；Ar：3.330
	Ω	1

（4）ET-PSA 模型

本节建立了 2 塔 7 步的 ET-PSA 模型，图 5.1 给出了装置的原理图。

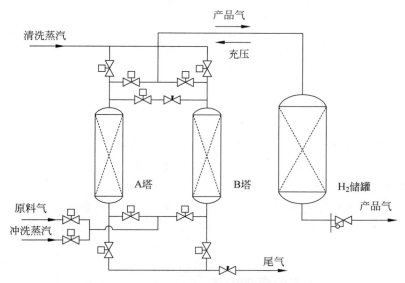

图 5.1　2 塔 7 步 ET-PSA 装置的原理图

表 5.6 列出了过程时序,包含充压、吸附、蒸汽冲洗、均压降、逆放、蒸汽清洗和均压升。此外,设计了一个相当于吸附塔 5 倍体积的缓冲罐模型用于储存产生的 H_2 和提供充压气。产品气只有当压力超过 p_{feed} 时才可以流出缓冲罐。

表 5.6　2 塔 7 步 ET-PSA 过程时序

A 塔	Pres	Feed	Rs	D1	Bd	Pg		P1
B 塔	Bd	Pg		P1	Pres	Feed	Rs	D1
时间	t_1	t_2	t_3	t_4	t_1	t_2	t_3	t_4

注:Pres 为充压;Feed 为吸附;Rs 为蒸汽冲洗;D1 为均压降;Bd 为逆放;Pg 为蒸汽清洗;P1 为均压升。

(5) 参数定义

ET-PSA 的性能使用 HP、HRR 和产率(Productivity)进行评价,见式(5-3)、式(5-4)和式(5-5)。

$$HP = \frac{\int_0^{t_{total}} x_{product,H_2} Q_{product,out} dt}{\int_0^{t_{total}} (x_{product,H_2} + x_{product,CO_2} + x_{product,CO}) Q_{product,out} dt} \qquad (5-3)$$

$$HRR = \frac{\int_0^{t_{total}} x_{product,H_2} Q_{product,out} dt}{\int_0^{t_{total}} (x_{feed,CO} + x_{feed,H_2}) Q_{feed} dt} \qquad (5-4)$$

$$产率 = \frac{\int_0^{t_{total}} (x_{product,H_2} + x_{product,CO_2} + x_{product,CO}) Q_{product,out} dt}{m_{adsorbents,total} t_{total}} \qquad (5-5)$$

HP 定义为缓冲罐中 H_2 的干基纯度。和文献[135]中的定义不同,100% 的 HHR 意味着:①所有的入口 H_2 被回收;②所有的 CO 转变成 H_2 然后被回收。

ET-PSA 的能耗使用冲洗(R/F)比和清洗(P/F)比评估,定义如下:

$$R/F = (Q_{rinse} t_3)/(Q_{feed} t_2) \qquad (5-6)$$

$$P/F = [|Q_{purge}|(t_2 + t_3)]/(Q_{feed} t_2) \qquad (5-7)$$

5.2.2　基准工况下的净化效率

选择 $t_1 = t_2 = t_3 = t_4 = 90\ s$ 为基准工况并进行 50 个循环的 ET-PSA 模

拟。图 5.2 显示了一个循环内单塔的压力。在均压和逆放步骤中的压力变化速率取决于 k_{ped} 和 k_{dep} 的取值($0.05\ \text{s}^{-1}$)。在给定时间下这两个过程都可完成。在产品气充压中,最终的塔压没有达到吸附压力,这是因为充压引起了 H_2 储存罐中压力的轻微下降。在随后的吸附阶段这个 Δp 为 $0.24\ \text{MPa}$ 的储存罐被原料气填充。

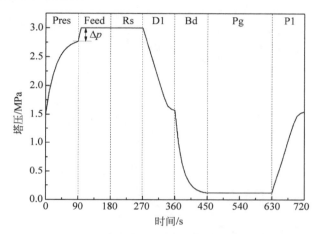

图 5.2　基准工况下一个循环内吸附塔压力变化

$t_1 = t_2 = t_3 = t_4 = 90\ \text{s}$

图 5.3 显示了 50 个循环内的 HP 和 HRR。ET-PSA 的一个优势是操作温度($400\,^{\circ}\text{C}$)高于水的沸点,因此可以在吸附步骤之后采用蒸汽冲洗挤出吸附塔内残余的 H_2。此外,蒸汽的引入还可以提升 K-MG30 的 CO_2 吸附和解吸性能[91,143]。在本章的吸附模型中,蒸汽被认为是惰性气体,这种假设是对 ET-PSA 性能的保守估计。由于蒸汽冲洗的加入,HRR 达到了一个非常高的值(99.9% 以上)。HP 在前 10 个循环中降到了 99.984%,然后回升到了 99.987%。在经过 50 个循环后缓冲罐中的干基残余 CO 和 CO_2 浓度分别低于 2×10^{-6} 和 1.1×10^{-5}。最初,K-MG30 表面保留了一部分的碳酸盐($q_{C,0}$)。前 10 个循环中轻微的 HP 的下降可能是由靠近吸附塔出口端 K-MG30 的解吸造成的。

5.2.3　操作参数的影响

图 5.4 显示了冲洗时间($0\ \text{s},30\ \text{s},60\ \text{s}$ 和 $90\ \text{s}$)对 HP 和 HRR 的影响。HRR 强烈地取决于蒸汽冲洗时间。当没有蒸汽冲洗步骤时($t_3 = 0$),HRR

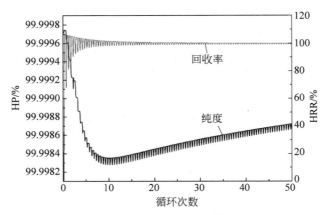

图 5.3　基准工况下 HP 和 HRR 随循环次数的变化

$t_1 = t_2 = t_3 = t_4 = 90$ s,循环次数为 50

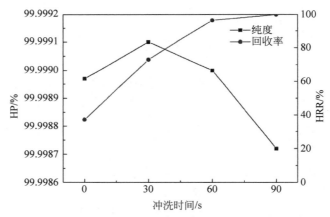

图 5.4　冲洗时间(0 s,30 s,60 s 和 90 s)对 HP 和 HRR 的影响

$t_1 = t_2 = t_4 = 90$ s,循环次数为 50

在经过 50 个循环后为 37.2%,该值是 2 塔 NT-PSA 的典型值[139]。当冲洗时间增加到 30 s 时,一部分的残余 H_2 可以被推出吸附塔,导致 HRR 快速增加到 73.1%。对于 GHSV 为 300 h^{-1},60~90 s 的冲洗时间较为合适。当冲洗时间为 60 s 和 90 s 时,HRR 分别为 96.5% 和 99.9%。另一方面,蒸汽冲洗对于 HP 的影响不明显。当冲洗时间从 30 s 增加到 90 s 时,HP 从 99.9991% 轻微下降到了 99.987%,这可能是由于吸附塔中微量的 CO 和 CO_2 被冲洗蒸汽携带出去造成的。

图 5.5 显示了使用 90 s 冲洗时间的基准工况在不同吸附循环时 CO 和 CO_2 沿着吸附塔轴向方向的浓度分布。CO 和 CO_2 的突破前沿在 50 个循环后达到了 0.2 m,导致了较低的吸附剂和催化剂的利用率。较短的吸附时间还会造成较大的 R/F 值,使得净化过程能耗较高。事实上,如何降低 R/F 值和 P/F 值已经成为目前的研究热点[41,128-129,143-144]。

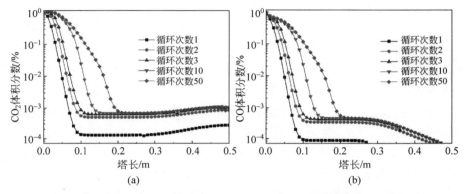

图 5.5　基准工况下在不同吸附循环内 CO 和 CO_2 沿吸附塔轴向方向的浓度分布

$t_1 = t_2 = t_3 = t_4 = 90$ s,循环次数为 50

因此,通过模拟手段研究了具有不同吸附时间的工况以在不丢失微量 CO/CO_2 净化能力的基础上最大化 ET-PSA 的吸附时间。如图 5.6 所示,当吸附时间低于 550 s 时,HP 在 50 个循环后保持在 99.999%。当吸附时

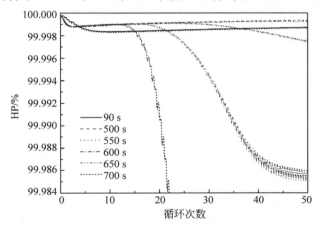

图 5.6　吸附时间对 ET-PSA 系统 HP 的影响(见文前彩图)

$t_1 = t_3 = t_4 = 90$ s,$t_2 = 500 \sim 700$ s

间为 600 s 时 HP 在 25 个循环后开始降低；当吸附时间为 650 s 时 HP 稳定在了 99.986%；当吸附时间为 700 s 时系统完全丢失了微量 CO/CO₂ 净化能力。吸附时间的增加导致了更高的吸附剂和催化剂的利用率，并且通过降低吸附步骤之后吸附塔内残留 H_2 和产生 H_2 的比值提高 HRR。另一方面，增加的吸附时间由于原料气中 CO/CO₂ 更容易穿透吸附塔从而会降低 HP。

表 5.7 列出了所有计算工况的 R/F 值和 P/F 值。如预期一样，通过简单地将吸附时间从 90 s 增加到 600 s，可以将总蒸汽耗量从 1.2 大幅降到 0.265。图 5.7(a) 显示了在 50 个循环后不同吸附时间工况 CO 和 CO₂ 沿着吸附塔的轴向分布。CO₂ 吸附剂的利用率远高于图 5.5 的结果。所有工况的突破前沿达到了吸附塔出口。对于指定的 GHSV（300 h⁻¹），突破区域的长度为 0.25 m。在突破之前，残余 CO₂ 和 CO 浓度分别可以被控制在 3.3×10^{-6} 和 2.3×10^{-6}。当吸附时间长于 550 s 时，CO₂ 在 50 个循环后穿透吸附塔，导致 H_2 储罐中 HP 的下降。CO 分布的形状和 CO₂ 分布相似，这进一步证明了 CO 的转化率主要取决于 WGS 的热力学平衡。图 5.7(b) 显示了 650 s 吸附时间时不同循环下 CO 和 CO₂ 沿轴向的浓度分布。可以清楚地看到 CO/CO₂ 在 20 个循环后开始穿透吸附塔并且在 40 个循环后达到平衡。稳态下残余 CO 和 CO₂ 浓度分别为 6.03×10^{-5} 和 8.34×10^{-5}。

表 5.7　具有不同吸附时间的 ET-PSA 的 R/F 值和 P/F 值

吸附时间/s	R/F	P/F
90	1.000	0.200
500	0.180	0.118
550	0.164	0.116
600	0.150	0.115
650	0.138	0.114
700	0.129	0.113

注：$t_1 = t_3 = t_4 = 90$ s，$t_2 = 500 \sim 700$ s。

在以上所有的工况中，清洗流量固定在了 50 mL/min(STP)。通过增加清洗流量，可以预期 HP 会由于更加充分的解吸而增加。图 5.8 显示了不同清洗流量（50 mL/min、60 mL/min 和 70 mL/min）下 ET-PSA 在 200 个循环内的性能。可以发现当清洗流量增加到 60 mL/min 时，HP 在约 100 循环后达到了一个稳定的值（99.9969%）。如果采用 70 mL/min 的清

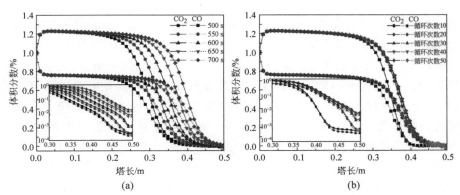

图 5.7　不同吸附时间($t_1 = t_3 = t_4 = 90$ s, $t_2 = 500 \sim 700$ s, 循环次数: 50)(a)和不同循环次数($t_1 = t_3 = t_4 = 90$ s, $t_2 = 650$ s, 循环次数 50)(b)下 50 个循环后 CO 和 CO_2 沿着塔轴向方向的 CO 和 CO_2 浓度分布(见文前彩图)

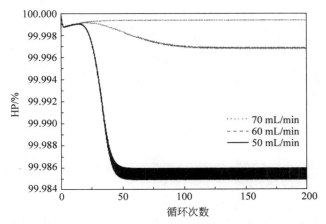

图 5.8　清洗流量(50 mL/min、60 mL/min 和 70 mL/min(STP))对 HP 的影响

$t_1 = t_3 = t_4 = 90$ s, $t_2 = 650$ s

洗时间,则 200 个循环内不会造成突破,并且 HP 在 25 个循环后保持在了 99.999% 以上。

5.2.4　ET-PSA 优化运行区域

如前所述,R/F 值和 P/F 值为保证 ET-PSA 的 HRR 和 HP 双高的关键。另一方面,蒸汽冲洗和蒸汽步骤的高温蒸汽消耗也是 ET-PSA 的主要能耗来源[22]。本节通过综合考虑 HRR/HP 和蒸汽消耗来评估 ET-PSA 的优化运行区域。固定吸附时间为 700 s 后计算了具有不同冲洗时间 0 s、30 s、

60 s 和 90 s(R/F 值为 0～0.129)与清洗流量 50 mL/min、60 mL/min、70 mL/min 和 80 mL/min(P/F 值为 0.100～0.181)的 16 个工况。在其他操作工况下使用线性插值进行拟合。图 5.9 显示了模拟结果,其中实线代表 HP,虚线代表 HRR,点画线代表总蒸汽耗量。可以看出在较低 R/F 值(小于 0.1)时,HP 主要受到 P/F 值的影响。但是,较大的 R/F 值会造成吸附剂的解吸从而对 HP 产生负面影响。此外可以看出随着 HP 的增加,P/R 值呈指数型上升,因此获取 99.9995% 以上的 HP 并不经济。HRR 主要受到 R/F 值的影响,0.08 的 R/F 值使 HRR 从没有蒸汽冲洗的 92% 增加到 99%。红色三角形区域显示了确保 HP 高于 99.999%,HRR 高于99.0% 和总蒸汽耗量低于 0.25 时的优化运行工况。

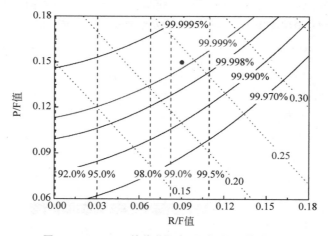

图 5.9　ET-PSA 的优化运行区域(见文前彩图)

$t_1 = t_4 = 90$ s,$t_2 = 700$ s,$t_3 = 0～90$ s,循环次数为 50;实线代表 HP,虚线代表 HRR,
点画线代表总蒸汽耗量

使用 R/F 值 0.09、P/F 值 0.15 的 ET-PSA 进行 1000 个循环的模拟 (见图 5.10),该工况在优化运行区域内。在 200 个循环后 HP 和 HRR 达到了稳定值 99.9991% 和 99.6%。产品气中干基残余 CO 和 CO₂ 浓度分别为 3.7×10^{-6} 和 5.5×10^{-6}。与能耗分析的研究结果[194]进行对比,可以发现采用优化后操作工况的 ET-PSA 相比于传统的净化技术具有更好的节能效果。前期模拟大多采用 50 个循环的计算时间,这可能会造成对 HRR 的低估和对 HP 的高估。但是,根据图 5.10 的结果可以看出由此造成的 HP(0.0022%)和 HRR(0.27%)的误差非常小,并且该结果依旧满足图 5.9 划分的优化工况需求。

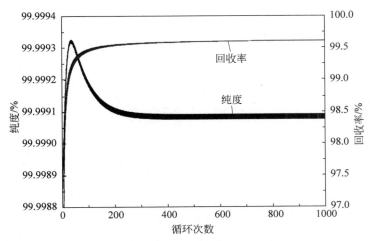

图 5.10　优化工况下 1000 个循环内 HP 和 HRR 的演变

$t_1 = t_4 = 90$ s,$t_2 = 700$ s,$t_3 = 63$ s,R/F 值为 0.09,P/F 值为 0.15

图 5.11 显示了在各步骤结束后气体沿吸附塔轴向的浓度分布。在整个 ET-PSA 循环期间,CO 和 CO_2 都没有穿透吸附塔。但是,吸附剂/催化剂的利用率远高于基准工况下的值。冲洗蒸汽没有穿透吸附塔,因此产生的大部分 CO_2 可以保留在吸附塔内。冲洗步骤的目标是推出吸附塔内残余的 H_2。图 5.11(c)表明 2/3 的残余 H_2 进入了产品气,1/3 的残余 H_2 在下一个均压步骤中进入了另一个吸附塔。在均压降之后吸附塔内只残留了很少的 H_2,因此导致了较高的 HRR。在逆放后的残余 CO_2 浓度为 5 mol/m^3,并且下一个蒸汽清洗步骤挤出了剩余的 CO_2,导致了相对完全的再生。因此 2 塔 ET-PSA 在保证高 HRR 的情况下满足了微量 CO/CO_2 的净化要求。图 5.12 显示了优化工况下一个循环内吸附塔压力的变化,压力变化规律除具有较长的吸附和解吸时间外和图 5.2 结果相似。Boon 等[143]在 9 塔 11 步 SEWGS 模拟中发现在逆放和清洗之初,在 12.2 m 的吸附塔内存在较小的压力降。但是,由于本章的 ET-PSA 采用了更短的吸附塔长度(0.5 m),因此并没有在整个优化工况的循环期间内发现明显的压降。

虽然优化工况可以在至少 1000 个循环内没有性能衰减地连续运行,在某些特殊情况下也有可能造成 CO_2 的突破(如由于原料气的切换、误操作、不稳定的操作温度和吸附剂/催化剂性能下降)。为了评价系统的自净化能力,采用了吸附时间为 1400 s 的 20 个 ET-PSA 循环来人为造成 CO 和 CO_2 的突破。随后,将操作工况切换回优化工况。图 5.13 显示了当采用

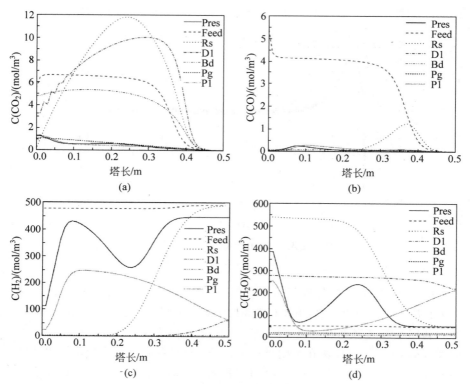

图 5.11　优化工况下每步结束时气体沿塔轴向的稳态分布（见文前彩图）

$t_1 = t_4 = 90$ s，$t_2 = 700$ s，$t_3 = 63$ s，循环次数为 1000，R/F 值为 0.09，P/F 值为 0.15

优化操作工况后 HP 恢复到了 99.999%，这证明了所提出的 ET-PSA 系统具有自净化能力。

但是，可以发现需要经过 80 个循环才能将 ET-PSA 的性能恢复到原有的净化能力，相当于 41.9 h 的运行时间。与之对比，如果采用了一个更高的操作温度，即中温变温/变压吸附（ET-PTSA），则 HP 的恢复速率将会大大加快。如图 5.13 所示，将塔温增加到 450℃ 可以将 HP 恢复到 99.999% 的时间缩短到 20 个循环以内。更高的工作温度会增加 K-MG30 的 CO₂ 工作量和解吸速率，因此导致了较快的 HP 恢复速率。但是，连续在 450℃ 运行会造成 K-LDO 性能的衰减[95]。因此，建议在长期运行过程中周期性将吸附塔加热到更高温度以保证产品气具有较高的 HP。

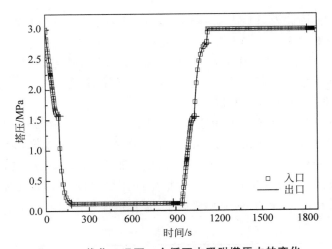

图 5.12　优化工况下一个循环内吸附塔压力的变化

$t_1 = t_4 = 90$ s，$t_2 = 700$ s，$t_3 = 63$ s，循环次数为 1000，R/F 值为 0.09，P/F 值为 0.15

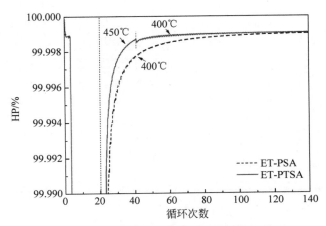

图 5.13　优化工况下 ET-PSA 和 ET-PTSA 的自净化能力

$t_1 = t_4 = 90$ s，$t_2 = 700$ s，$t_3 = 63$ s，R/F 值为 0.09，P/F 值为 0.15

5.3　两段 ET-PSA 建模及用于变换气中温 CO/CO₂ 净化

5.3.1　建模方法

当原料气改为变换气时（400℃，3 MPa，组分 1% CO、30% H_2O、29% CO_2、40% H_2）[22]，注意到 TGA 只能评估在 0.1 MPa 分压以下的 CO_2 吸

附/解吸性能,因此入口 CO$_2$ 分压低于 0.1 MPa 的低压模型参数使用 TGA 结果进行校准并采用固定床实验进行验证[190];当 CO$_2$ 分压高于 0.1 MPa 时,采用第 2 章建立的简化 Elovich 型模型,模型参数使用静态容量法获得的高压动力学数据进行拟合[156]。表 B.1 显示了使用 K-MG30 作为 CO$_2$ 吸附剂时的吸附模型参数取值。

　　两段 ET-PSA 在每步中的边界条件同表 5.4,在前期研究[140]和文献 [135]中已经采用过类似的公式。使用和 2 塔 7 步 ET-PSA 类似的模型,并灵活采用 1 阶精度的反向有限差分(BFDM)和正向有限差分(FFDM)来求解吸附塔公式[136]。表 5.8 列出了模拟中采用的吸附塔参数和操作工况。吸附塔高 2 m,内径 0.5 m,其中吸附剂/催化剂体积比为 5。

表 5.8　塔参数和操作工况

塔参数	数　　值	操作工况	数　　值
L_b/m	2	p_{feed}/MPa	3
D_b/m	0.5	x_{feed}	1% CO、30% H$_2$O、29% CO$_2$、40% H$_2$
ε_b	0.717	p_{rinse}/MPa	3
$\rho_a/(kg/m^3)$	1943.5	p_{purge}/MPa	0.12
$\rho_c/(kg/m^3)$	5335.7		
D_p/m	0.005		
vol_ratio$_{a/c}$	5		
T/K	673.15		
$\mu/(Pa \cdot s)$	CO$_2$: 3.05×10^{-5}；H$_2$: 1.57×10^{-5}；CO: 3.11×10^{-5}；H$_2$O: 2.45×10^{-5}		

5.3.2　第一段 8 塔 ET-PSA 净化效率

　　图 5.14 显示了用于脱除变换气中大部分 CO/CO$_2$ 的第一段 8 塔 13 步 ET-PSA 的流程和过程时序。第一段 ET-PSA 的目的是实现 95% 以上的 HP。吸附塔的时序是:在吸附步骤,原料气中的 CO 变换成 CO$_2$ 和 H$_2$ 而 CO$_2$ 被原位吸附。在排出净化系统之前,所产生的富氢气体在 5 倍于吸附塔的产品气罐中被收集。采用同向高压蒸汽冲洗挤出吸附塔内残余的 H$_2$。当采用冲洗步骤时 ET-PSA 的原料气流量是不连续的。在实际工业应用中,原料气流量可以使用缓冲罐进行平滑处理[195]。图 B.1 评价了缓

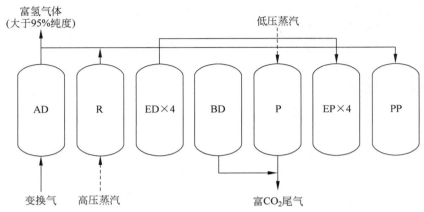

1st	AD/R	ED1	ED2	ED3	ED4	BD	P				EP4	EP3	EP2	EP1	PP
2nd	EP1	PP	AD/R		ED1	ED2	ED3	ED4	BD	P			EP4	EP3	EP2
3rd	EP3	EP2	EP1	PP	AD/R		ED1	ED2	ED3	ED4	BD	P			EP4
4th	P	EP4	EP3	EP2	EP1	PP	AD/R		ED1	ED2	ED3	ED4	BD	P	
5th	P		ED4	EP3	EP2	EP1	PP	AD/R		ED1	ED2	ED3	ED4	BD	P
6th	BD	P			EP4	EP3	EP2	EP1	PP	AD/R		ED1	ED2	ED3	ED4
7th	BD3	ED4	BD	P			EP4	EP3	EP2	EP1	PP	AD/R		ED1	ED2
8th	BD1	ED2	BD3	ED4	BD	P			EP4	EP3	EP2	EP1	PP	AD/R	

图 5.14　第一段 ET-PSA 的流程和过程时序

$t_{ED}=t_{BD}=t_{EP}=t_{PP}=60$ s, $t_{AD}=90$ s, $t_R=30$ s, $t_P=240$ s, $t_{cycle}=960$ s

冲罐用于平滑原料气流量的可行性。随后，塔压通过 4 次均压降和逆放步骤降到约 0.1 MPa。逆向低压蒸汽清洗替代 NT-PSA 的产品气清洗用于再生吸附剂。Xiu 等[181]在吸附增强过程中提出了和蒸汽清洗或氢气清洗类似的概念，即反应再生。图 5.14 提出过程中的清洗时间长于文献中的过程时序[143]，这对产生更高 HP 的产品气有利。最后，吸附塔通过 4 次均压升和产品气充压恢复到原料气压力，均压升所用的气体由均压降步骤提供。注意到 PSA 过程是复杂和高度集成的，因此本章只研究了用于关联净化能耗（R/F 值和 P/F 值）和系统效率（HP 和 HRR）的参数。在所提出的 ET-PSA 过程中，每个步骤的操作时间是固定的。R/F 值和 P/F 值可以通过改变原料气、冲洗气和清洗气的流量进行改变。

　　图 5.15 显示了一个典型循环中压力的变化。均压降和逆放步骤的压力变换符合表 5.4 中列出的阀方程。为了防止由于吸附塔压力变换过快而

导致的计算错误,均压降步骤中最高的降压速率设定为 0.01 MPa/s。这个设定在 PSA 操作中也存在实际意义,因为均压过程过快的流量会磨损吸附剂/催化剂颗粒。即使在经过产品气充压后,由于产品罐压力出现一个较小的下降,吸附塔的压力还是没有达到原料气压力[140]。在吸附步骤开始时吸附塔被原料气充压到 3 MPa。

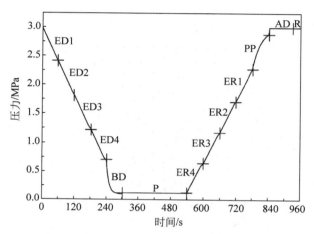

图 5.15　8 塔 13 步 ET-PSA 中塔压的变化

原料气流量为 400 h^{-1};冲洗流量为 200 h^{-1};清洗流量为 30 h^{-1}

　　表 5.9 列出了在原料气流量为 400 h^{-1}、冲洗流量为 200 h^{-1} 和清洗流量为 30 h^{-1} 时的基准工况(工况 1)的性能,图 5.16 显示了基准工况在每步结束后气体沿着塔轴向的稳态浓度分布。本章中所用的流量定义为气时空速(GHSV,单位为 h^{-1})。图 5.16(a)和(b)的结果表明在吸附和冲洗阶段 CO$_2$ 和 CO 没有穿透吸附塔,因此得到了较高的 HP(94.542%)。另外,基准工况也实现了较高的 HRR(97.92%),这是由于在吸附阶段大部分残余的 H$_2$ 被挤出吸附塔(见图 5.16(c)),或者在冲洗步骤中到达产品气罐,或者在均压降步骤中到达其他吸附塔。通过增加均压次数到 4 次可以显著降低 R/F 值(0.167)。在具有更高原料气 CO/CO$_2$ 浓度(更短的吸附时间)的情况下可以更加明显地看出冲洗步骤的引入对 HRR 的提升作用,这是由于此时残余在吸附塔中的 H$_2$ 和吸附步骤产生 H$_2$ 的比值更小。

　　图 B.2 研究了产品气罐的性能。ET-PSA 的一个挑战是确保运行的稳定性。图 B.2(a)显示在一个循环中,产品气罐的入口气体是不连续的,这是由吸附步骤之初的充压、产品气充压的气体耗量和原料气与冲洗气流量的不同导致的。但是,入口气体的累计流量和循环时间成正比(见图 B.2(b)),并且如果采用平均值作为出口流量的话,产品气罐的压力变换可以被控制在±0.05 MPa(见图 B.2(c))。

表 5.9　第一段 ET-PSA 性能

工况	原料气流量 /h⁻¹	冲洗流量 /h⁻¹	清洗流量 /h⁻¹	HP /%	HRR /%	产率 /(mol/(kg·d))
1*	400	200	30	94.542	97.92	37.23
2**	300	0	30	99.647	82.11	29.62
3**	400	0	30	87.484	87.99	48.20
4	400	250	30	93.005	99.08	38.29
5	400	300	30	91.617	99.61	39.08
6	400	200	45	97.715	97.80	35.97
7	400	250	45	96.413	99.02	36.91
8	400	300	45	95.065	99.59	37.65
9	400	200	60	98.984	97.69	35.47
10	400	250	60	98.198	98.96	36.22
11	400	300	60	97.182	99.57	36.82
12	300	200	30	99.893	95.64	25.81
13	350	200	30	99.233	97.13	30.78
14	450	200	30	88.930	98.31	44.70

* 基准工况。

** 通过延长吸附时间到 120 s 取消冲洗步骤。

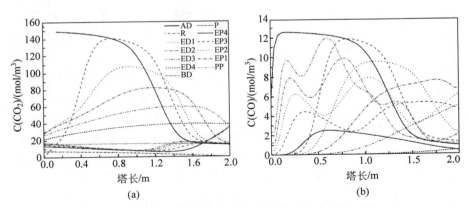

图 5.16　基准工况下气体沿塔轴向浓度稳态分布(见文前彩图)

原料气流量为 400 h⁻¹;冲洗流量为 200 h⁻¹;清洗流量为 30 h⁻¹

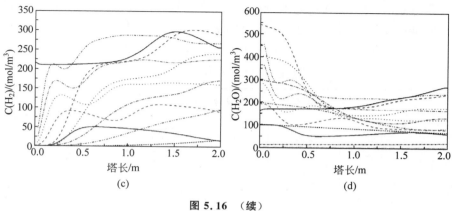

图 5.16　（续）

　　蒸汽冲洗步骤的引入是实现 ET-PSA 高 HRR 的关键,而在 NT-PSA 过程中,吸附阶段后期存在大量残余在吸附塔内的 H$_2$ 在随后的逆放和清洗步骤中被浪费。为了进行对比,在工况 2 中通过延长吸附时间到 120 s 取消了冲洗步骤,并且降低了原料气流速到 300 h^{-1} 以保持和基准工况相同的原料气量。如预期一样,HRR 急剧下降到了 82.11%,为典型的 NT-PSA 的值[137]。当在没有改变清洗气流量的情况下增加原料气流量到 400 h^{-1}(工况 3)时,HRR 只增加了约 5%,但是由于在吸附阶段 CO/CO$_2$ 的突破,HP 从 99.647% 快速下降到了 87.484%。

　　固定原料气流量为 400 h^{-1},图 5.17(a)显示了使用不同 R/F 值(工况 1、工况 4、工况 5),CO$_2$ 在吸附和冲洗步骤结束时沿轴向的分布。冲洗流量的增加通过将 CO$_2$ 吸附前沿向前推动而轻微降低了 HP,使 CO/CO$_2$ 更容易穿透吸附塔。图 5.16(a)表明在基准工况中,虽然 CO$_2$ 在吸附和冲洗阶段没有突破吸附塔,但是在第三和第四均压降过程中,出口 CO$_2$ 浓度从 15 mol/m^3 增加到了 39 mol/m^3。穿透的 CO 和 CO$_2$ 随后在均压升步骤中被转移到另一个吸附塔中,通过污染了吸附塔顶部吸附剂从而降低了下一个循环中的 HP[40]。当 R/F 值增加到 0.208(工况 4)时,在冲洗阶段 CO$_2$ 还是没有穿透吸附塔,而由于更多的 H$_2$ 在冲洗阶段被推到产品气罐中,HRR 增加到了 99.08%。进一步增加 R/F 值到 0.250(工况 5)并不能显著增加 HRR,但是由于 CO$_2$ 在冲洗阶段的突破而大幅降低了 HP。

　　当 P/F 值增加到 0.3 时,工况 6 的 HP 超过了需求值 95%。图 5.17(b)显示了 HP 从 94.952% 明显增加到 97.715% 是由于:①CO$_2$ 吸附前沿向后移动;②平衡 CO$_2$ 浓度的降低。当 P/F 值进一步增加到 0.4(工况 9)

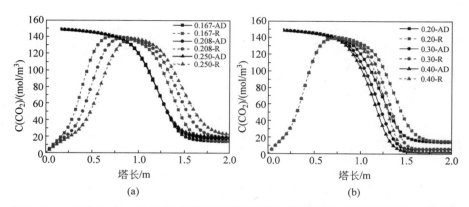

图 5.17　R/F 值(a)和 P/F 值(b)对吸附和冲洗结束时 CO_2 浓度分布的影响(见文前彩图)

时,HP 提升的速率开始下降。K-MG30 的解吸动力学要远慢于吸附动力学,为了完全再生吸附剂需要消耗大量的清洗蒸汽[55]。图 5.16(a)的结果也表明虽然清洗气占据了吸附塔的顶部,蒸汽清洗后在吸附塔底部仍残留一大部分 CO_2。P/F 值的增加可以降低吸附塔中 CO_2 的分压,由此使吸附剂更加彻底的再生。

工况 12 和工况 13 讨论了降低原料气流量的情况。当将原料气流量降到 350 h^{-1} 并且保持和基准工况相同的冲洗和清洗流量时,由于更少的 CO/CO_2 能够在吸附、冲洗和均压降步骤突破吸附塔,HP 可以增加到 99% 以上。但是,原料气流量的降低造成了较低的 HRR、更高的 R/F 值和 P/F 值以及更低的产率。图 5.18 总结了第一段 ET-PSA 在不同操作工况下的性能。总蒸汽耗比定义为 R/F 值和 P/F 值之和,并在括号中显示。在保证 HP 高于 95%,总蒸汽耗比低于 0.5 时,在所有工况中工况 6 具有最高的 HRR(97.80%)。

图 B.3 显示了工况 6 在逆放和清洗阶段中的尾气信息。尾气中主要包含 CO_2、H_2O 和少量在逆放与清洗阶段之初从吸附塔带出的残留 H_2。第一段 ET-PSA 的尾气中,逆放时的平均组分是 39.51% CO_2、3.30% H_2、0.0554% CO 和 57.13% H_2O,冲洗时的平均组分是 41.90% CO_2、0.21% H_2、0.005 34% CO 和 57.88% H_2O,总的平均组分是 41.12% CO_2、1.22% H_2、0.0217% CO 和 57.64% H_2O。

5.3.3　第二段 2 塔 ET-PSA 净化效率

第一段 ET-PSA 的总入口 CO/CO_2 浓度是 30%。因此需要采用较短

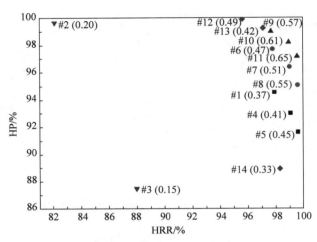

图 5.18　不同操作工况下第一段 ET-PSA 的性能

的吸附时间避免 CO/CO_2 在吸附和冲洗阶段的突破,但是这也会造成 K-MG30 的不完全解吸。第一段 ET-PSA 的模拟结果也证明了单段 ET-PSA 达到高 HP 是没有经济性的。即使采用较大的 P/F 值(工况 9、工况 10 和工况 11),第一段 ET-PSA 的 HP 也没有超过 99%。因此,提出了第二段 ET-PSA 用于制取 HP 超过 99.999% 的高纯氢。当采用工况 6 作为第一段 ET-PSA 时,产品气组分为 1.137% CO_2、52.44% H_2、0.0893% CO 和 46.33% H_2O,流量为 90.07 Nm^3/h(平均值)。较低的原料气 CO/CO_2 浓度使得第二段 ET-PSA 有可能选择较长的步长。因为逆放过程中浪费的 H_2 和在吸附/冲洗过程中产生的 H_2 之比更低,第二段 ET-PSA 可以采用更少的均压次数。本节采用只有 1 次均压的 2 塔 7 步过程作为第二段 ET-PSA(见图 5.19)。和第一段 ET-PSA 的时序不同,通过和第一段 ET-PSA 产品气保持相同的流量,吸附和冲洗时间可以任意调节。P/F 值可以通过改变清洗流量进行调节。

　　图 B.4 显示了采用 2400 s 吸附时间,60 s 冲洗时间和 0.05 的 P/F 值的基准工况的压力变化。表 5.10 列出了基准工况(工况 15)的性能。由于均压次数的减少,逆放阶段具有更大的压降,产品气充压阶段具有更大的气体需求。但是,7 步过程可以在极简配置下实现高纯氢的制取[140]。R/F 值远低于第一段 ET-PSA,并且第二段 ET-PSA 中延长的清洗时间导致了基准工况较高的 HP(99.967%)。

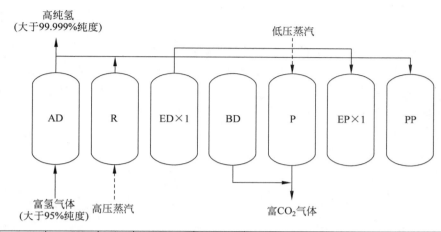

图 5.19　第二段 ET-PSA 流程和过程时序

$$t_{ED1} = t_{BD} = t_{EP1} = t_{PP} = 90 \text{ s}$$

表 5.10　第二段 ET-PSA 的性能

工况	吸附时间 /s	R/F 值	P/F 值	HP /%	HRR /%	产率 /(mol/(kg·d))
15*	2400	0.025	0.05	99.9671	99.57	140.26
16	2400	0.021	0.10	99.9993	99.28	139.80
17	3600	0.014	0.15	99.9996	99.48	140.08
18	4800	0.010	0.20	99.9992	99.59	140.25
19	2400	0.021	0.20	99.9995	99.29	139.82

＊基准工况。

　　本研究前期工作表明 2 塔 ET-PSA 的 HRR 主要取决于冲洗步骤[140]；另一方面，表 5.9 的结果表明当改变 R/F 值时在 HRR 和 HP 之间存在权衡关系，因为冲洗蒸汽会由于降低 CO_2 分压而造成 CO_2 吸附剂的解吸。因此，第二段 ET-PS 的 R/F 值需要进行优化以实现 99% 以上的 HRR 和尽可能高的 HP。图 5.20(a)表明在 0~60 s 改变冲洗时间时 HRR 和 HP 的变化规律。由于更长的吸附时间(2400 s)，即使不采用冲洗步骤，第二段 ET-PSA 的 HRR 也达到了一个较高的值(97.12%)。由于使用蒸汽清洗替代了 H$_2$ 清洗,该值要高于使用 NT-PSA 从脱碳气中制取高纯氢时的结果[138]。当将冲洗时间增加到 50 s 时,在 HP 为 99.973% 时 HRR 增加到了 99.24%。图 5.20(b)显示在冲洗步骤结束时 H$_2$O、H$_2$ 和 CO$_2$ 的浓度分布。通过采用 50 s 的冲洗时间,吸附塔中约一半的残余 H$_2$ 被推出,而另一半在接下来的均压过程中被进一步挤到另一个吸附塔内。解吸的 CO$_2$ 在吸附塔的顶部被重新吸附[143]。但是,如果冲洗时间超过 60 s,则冲洗蒸汽会穿透吸附塔,从而通过将 CO/CO$_2$ 携带到产品气中而降低 HP。因此,第二段 ET-PSA 的最优冲洗时间为 50 s。

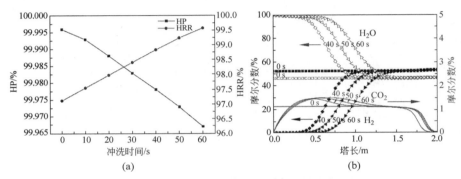

图 5.20　冲洗时间对 HP 和 HRR(a)和冲洗步骤结束后气体沿塔轴向浓度分布(b)的影响(见文前彩图)

吸附时间为 2400 s;冲洗时间为 0~60 s;P/F 值为 0.05

　　为了实现较高的 HP,即使在均压阶段也不允许有气体杂质穿透吸附塔,因为穿透的 CO/CO$_2$ 会污染吸附塔出口侧的吸附剂[140]。图 5.20(b)的数据表明使用 P/F 值为 0.05 时,在冲洗步骤结束后 CO$_2$ 吸附前沿已经到达吸附塔的出口。因此,需要使用一个更大的 P/F 值来防止 CO$_2$ 的突破。图 5.21 显示了 P/F 值对 HP 的影响。将吸附时间固定为 2400 s,当 P/F 值从 0.05 增加到 0.10 时 HP 增加到了 99.9993%。进一步增加 P/F 值对提升 HP 没有显著影响但是会增加吸附时间到 3600 s(P/F 值为 0.15,HP 为 99.9996%)和 4800 s(P/F 值为 0.20,HP 为 99.9992%)。表 5.10 列出了使用不同吸附时间实现超过 99.999% 的 HP 时的优化工况(工况 16、工况 17 和工况 18)。

　　图 B.5 研究了工况 16 在逆放和清洗阶段的尾气组分,结果证明了将该尾气用于第二段 ET-PSA 清洗气的可行性。根据结果,尾气在逆放阶段包含 CO$_2$/H$_2$/H$_2$O 为 5.64%/14.33%/80.00%,在清洗阶段为 9.88%/0.64%/

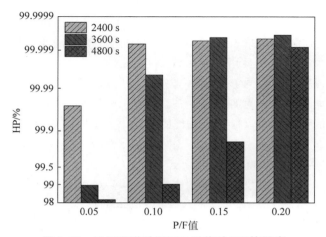

图 5.21　不同吸附时间下 P/F 值对 HP 的影响

吸附时间为 2400、3600、4800 s；冲洗时间为 50 s；P/F 值为 0.05~0.20

89.48%。在工况 19 中 P/F 值增加到了 0.2，因此尾气中 CO_2 浓度进一步下降。正如预期一样，$CO_2/H_2/H_2O$ 的总浓度从原来的 9.19%/2.87%/87.94%改变为 5.24%/1.57%/93.20%。

5.3.4　两段 ET-PSA 净化效率

结合以上两部分的 ET-PSA，可以直接从变换气中产生高纯氢。一种结合方式是简单地将两个系统串联在一起，其中第一段 ET-PSA 的产品气用于第二段 ET-PSA 的原料气，而所有的冲洗和清洗气体来源于蒸汽。表 5.11 中的工况 20、工况 21 和工况 22 显示了两段 ET-PSA 的净化性能，其中第一段 ET-PSA 采用工况 6 而第二段 ET-PSA 分别采用工况 16、工况 17 和工况 18。

表 5.11　两段 ET-PSA 的性能

工况	耦合方式	R/F 值	P/F 值	HP /%	HRR /%	产率 /(mol/(kg·d))
20	串联	0.183	0.376	99.9993	97.26	27.96
21	串联	0.177	0.415	99.9996	97.45	28.02
22	串联	0.174	0.453	99.9992	97.57	28.05
23	回流 1	0.183	0.269	99.7801	97.60	28.13
24	回流 1	0.188	0.263	99.9994	97.51	28.09
25	回流 2	0.182	0.272	99.9995	97.48	28.08

另一种方式可以通过利用第二段 ET-PSA 的尾气而降低总清洗蒸汽耗量。如图 5.22 所示，来自第二段 ET-PSA 逆放和清洗步骤的尾气在二号尾气储罐中被收集并且用作第一段 ET-PSA 的清洗气。在尾气中补充额外的蒸汽以达到所需的 P/F 值。如图 B.6 所示，使用逆放气作为尾气可能会造成尾气储罐中压力的短暂上升。因此，需要在第二段 ET-PSA 中采用较高压力的清洗蒸汽以保证清洗气的流向。

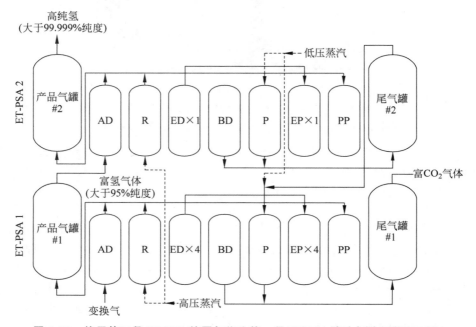

图 5.22　使用第二段 ET-PSA 的尾气作为第一段 ET-PSA 清洗气的两段 ET-PSA 示意图

这种配置的问题之一是第二段 ET-PSA 尾气中的 CO_2 会降低第一段 ET-PSA 的 HP，从而又增加第二段 ET-PSA 的工作负担。如表 B.2 所示，采用 2400 s 吸附时间和 0.2 的 R/F 值的第二段 ET-PSA 的尾气中含有 9.44% 的 CO_2，在混入蒸汽后降到了 5.86%。第一段 ET-PSA 的 HP 从原来的 97.715% 降到了 95.638%，导致小部分 CO/CO₂ 突破了第二段 ET-PSA。两段 ET-PSA 最终的 HP（99.78%）因此不能满足要求值（99.999%）。为了避免 CO/CO₂ 的突破，第二段 ET-PSA 的吸附时间进一步降到了 1800 s（见表 B.3）。此时 HP 增加到了 99.9994%，产品气中干基 CO_2 和 CO 浓度分别是 5.3×10^{-6} 和 0.4×10^{-6}。由于第二段 ET-PSA 吸附时间的降低,总的 R/F 值(0.188)略高于串联结构。但是由于使用第二段 ET-PSA 的尾气部分替代清洗气,P/F 值(0.263)发生了较大的下降,这对降低两段 ET-PSA 的操作能耗具有十分重要的作用。

图 B.5 显示了第一段 ET-PSA 尾气中 CO_2 的浓度随着清洗时间显著降低。因此,第三种方法首先使用第二段 ET-PSA 的尾气作为第一段 ET-PSA 的清洗气,随后再用蒸汽清洗以降低塔内的残余 CO_2。如表 B.4 所示,先后清洗配置增加了第一段 ET-PSA 的净化效率,因此可以延长第二段 ET-PSA 的吸附时间,由此降低总冲洗气量。

图 5.23 对比了本章中两段 ET-PSA 和文献中优化工况下的燃烧前 CO_2 捕集 NT-PSA[131,196]、制氢 NT-PSA[132,134-138,194,197,198-200]、燃烧前 CO_2 捕集 ET-PSA[32,44] 和 SEWGS[40,51,127-129,141,143] 的性能(HP 和 HRR)。大部分用于制氢的 NT-PSA 系统可以在实现 99.99% 以上 HP 的情况下达到 50%～90% 的 HRR。唯一可以实现 90% 以上 HRR 的情况是在低 CO/CO_2 浓度(2.12% CO_2 和 2.66% CO)的情况下采用 12 塔 13 步 PSA 过程[138]。用于燃烧前 CO_2 捕集的 PSA 可以实现高于 95% 的 HP。但是,在该应用背景下不需要实现高 HP,而需要达到较高的碳捕集率(95%)和 CO_2 纯度(99%)。Liu 等[32] 提出的 ET-PSA 系统由于采用了蒸汽清洗步骤,因此具有最高的 HRR(96.93%)。由于蒸汽冲洗步骤的引入,SEWGS 可以实现约 95% 的 HP 和高于 97% 的 HRR。本章中带有(工况 6)和不带有(工况 3)蒸汽冲洗步骤一段 ET-PSA 的性能分别和用于 CO_2 捕集的

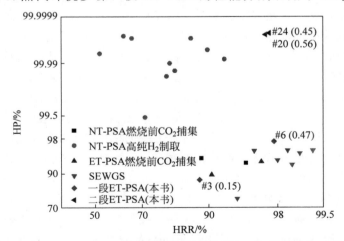

图 5.23　用于 H_2 制取或者从碳基燃料中进行燃烧前 CO_2 捕集的 PSA 性能对比

NT-PSA 以及 SEWGS 相似。但是两段 ET-PSA 可以在保持和 NT-PSA 制氢纯度相似的情况下实现更高的 HRR。工况 24 可以实现 99.9994% 的 HP 和 97.51% 的 HRR,是所有 PSA 系统中性能最高的工况。此外,表 5.12 对比了 ET-PSA 的蒸汽耗量,结果表明两段 ET-PSA 的 R/F 值(0.188)和 P/F 值(0.263)与 SEWGS 相似。

表 5.12　ET-PSA 和 SEWGS 的蒸汽耗量对比

HP/%	HRR/%	过程	R/F 值	P/F 值	参考文献
96.433	98.49	7 塔 10 步			[40]
94.364	98.00	8 塔 11 步	0.240		[51]
95.897	98.94	8 塔 11 步	0.127	0.190	[127]
96.342	96.34	8 塔 11 步	0.120	0.375	[128]
93.153	98.67	6 塔 8 步	0.157	0.371	[129]
76.801	94.52	9 塔 11 步	0.018	0.049	[143]
96.410	99.29	9 塔 11 步	0.158	0.475	[141]
97.715	97.80	8 塔 13 步	0.167	0.300	本书
99.999	97.51	两段 ET-PSA	0.188	0.263	本书

5.4　本章小结

本章首先提出了一个 2 塔 7 步的 ET-PSA 模型用于脱碳气中 CO 和 CO₂ 的同时净化。模型采用了复合系统反应分离的概念,其中吸附塔的参数使用实验数据进行标定和验证。操作时序包括充压、吸附、蒸汽冲洗、均压(均压降和均压升)、逆放和蒸汽清洗。蒸汽冲洗和蒸汽清洗的采用是实现 HRR 和 HP 双高的关键,其中 HRR 主要取决于蒸汽冲洗,HP 主要取决于蒸汽清洗。通过将吸附时间从 90 s 增加到 600 s,蒸汽耗量比可以从 1.2 下降到 0.265。但是,较长的吸附时间导致 CO₂ 较易突破吸附塔,因此需要更多的清洗气用于再生。通过同时考虑 HRR、HP 和蒸汽耗量确定了 ET-PSA 的优化操作区域。采用 R/F 值为 0.09 和 P/F 值为 0.15 的优化工况可以稳定实现 99.6% 的 HRR 和 99.9991% 的 HP。产品气中的干基残余 CO 和 CO₂ 浓度分别是 3.7×10^{-6} 和 5.5×10^{-6}。事实上,系统的蒸汽耗量可以通过耦合第二段 ET-PSA 用于吸附较高分压的 CO₂ 来降低,其中 2 塔 ET-PSA 的尾气用于第二段 ET-PSA 的清洗气。优化工况的吸附剂/催化剂利用率在 CO 和 CO₂ 没有穿透吸附塔的情况下实现了最大化。

一旦吸附塔被 CO 和 CO_2 穿透,ET-PSA 可以通过自净化恢复微量 CO/CO_2 净化能力,且恢复速率可以通过将操作温度从 400℃ 提升到 450℃ 来加速。

　　随后,本章提出了一个两段 ET-PSA 系统用于从变换气中直接分离高纯氢,其中第一段 ET-PSA 采用 8 塔 13 步配置用于脱除变换气中大部分的 CO/CO_2,第二段 ET-PSA 采用 2 塔 7 步配置用于净化残余的微量气体杂质。模拟结果表明,第一段 ET-PSA 可以在 0.167 的 R/F 值和 0.300 的 P/F 值的条件下实现 97.715% 的 HP 和 97.80% 的 HRR。增加 R/F 值可以提高系统的 HRR,但是由于会将 CO/CO_2 浓度前沿向前推动从而导致了 HP 的降低。使用蒸汽清洗替代 H_2 清洗可以增加 HP,但是第一段 ET-PSA 的清洗时间不足以完全再生吸附剂。通过较长步长的第二段 ET-PSA 可以进一步将富氢气体从 95% 的 HP 提升到 99.999% 以上。采用第二段 ET-PSA 尾气作为第一段 ET-PSA 清洗气的两段 ET-PSA 系统可以实现 99.9994% 的 HP 和 97.51% 的 HRR,这是目前用于燃烧前 CO_2 捕集和 H_2 制取的 PSA 中性能最高的工况。此外,两段 ET-PSA 的总蒸汽耗量和 SEWGS 过程相当,这也进一步证明了 ET-PSA 的技术可行性。

第6章 中温 CO/CO₂ 净化能耗分析和工艺优化

6.1 本章引论

第 5 章构建了可以实现 HP 和 HRR 双高的两段式 ET-PSA。为了评估该系统在制取高纯氢时的 CO/CO₂ 净化能耗,本章建立了和传统净化方式定量对比的方法。首先在 Aspen Plus 化工流程建模软件中搭建了带有 ET-PSA、传统 Selexol 过程或理想净化单元的 IGFC 模型。对模型中的物流平衡和能量平衡进行了衡算。ET-PSA 的净化能耗通过计算加入净化单元后系统发电效率的下降和总 CO/CO₂ 脱除量进行评估。使用优化后的 ET-PSA 操作工况来分析净化效率、总蒸汽耗量和净化能耗之间的耦合关系。Selexol 法的净化能耗主要来自 N₂ 压缩功、溶剂循环泵功和用于热再生的蒸汽损耗。经过粗脱后的净化气还需要再经过 NT-PSA 进行精脱以达到 PEMFC 的进气要求,该过程中的 H₂ 损失约占总净化能耗的一半。与之相比,ET-PSA 法可以直接从高温 WGS 出口变换气中制取高纯氢,降低了设备投资和变换气显热损失。当采用第 5 章提出的两段式 ET-PSA 系统后,IGFC 的净化能耗可以低至 1.11 MJ/kg,相比 Selexol 法能耗降低了 36.2%。值得注意的是本章的 IGFC 模型在文献模型的基础上进行了简化,因此计算得到的净发电效率绝对值具有一定的偏差。另外,在不同的应用背景下 ET-PSA 也可能具有不同的净化能耗。但是本章的主要目的是搭建用于横向对比各种净化方法的能耗评价体系,因此当采用相同的评价系统时,净化能耗的相对值可认为具有普适的指导意义。

6.2 IGFC 系统建模及参数定义

本研究选择 Selexol 作为传统常温溶剂吸收法的代表,基于 Aspen Plus 商业软件分别建立了带有 Selexol 单元和 ET-PSA 单元以及理想净化单元(参考工况)的 IGFC 系统,通过将净化系统放在实际发电系统中来对比采用新技术后能耗的降低比例。采用的能耗评价指标为 SPECCA(specific primary energy consumption for carbon avoided),其定义如下[144]:

$$SPECCA = (HR - HR_{REF})/E = \left[3600 \times \left(\frac{1}{\eta} - \frac{1}{\eta_{REF}}\right)\right] \Big/ E \quad (6\text{-}1)$$

其中,HR 代表热耗率,表示每度电消耗的热功,单位是 kJ/(kW·h);E 代表比 CO/CO₂ 脱除量,单位是 kg/kWh;η 代表净发电效率,无量纲;REF 代表对比工况,本研究中指理想净化系统的 IGFC。定义净发电效率 η_e 如下:

$$\eta_e = \frac{净输出功率}{热输入(HHV)} \quad (6\text{-}2)$$

6.3　采用 Selexol 法的 IGFC 系统

6.3.1　IGFC_Selexol 系统建模

本研究建立的 IGFC 电站模型基于美国能源部(DOE)在 2007—2011 年提出的 IGCC[201-202] 和 IGFC 模型[203],并且在此基础上进行了一定的简化和修改。有关本章 IGFC 电站主要子单元的建模细节见附录 C。电站共包括气化炉系统、空分系统、冷却系统、Selexol 系统、NT-PSA 系统、PEMFC 系统、余热锅炉系统和蒸汽轮机等系统。模型使用康菲石油公司(COP)的 E-Gas™ 两段式气化炉技术,所采用的煤种为 Illinois NO.6,煤的工业分析和元素分析见表 6.1[202]。本章中建立的带有 Selexol 法净化单元的简化 IGFC 系统流程见图 6.1。

表 6.1　Illinois NO.6 煤工业和元素分析

工业分析(质量分数)/%				元素分析(干基,质量分数)/%						LHV/ (MJ/kg)
水分	灰分 (干基)	挥发分 (干基)	固定碳 (干基)	灰分	C	H	N	O	S	
11.12	9.70	34.99	44.19	9.70	63.75	4.50	1.25	6.88	2.51	26.15

气化炉单元的参数选择参考 DOE 的 IGFC 模型[203]。煤(4374 t/d)和一定量的水混合制备成浓度为 63% 的水煤浆,加压并预热到 149℃后送入 COP 气化炉,其中 78% 的水煤浆被送入第一段气化炉。采用这种两段式气

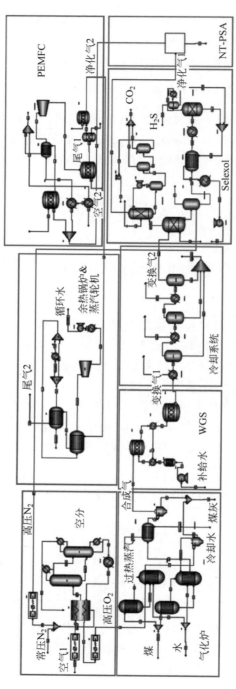

图 6.1　带有 Selexol 净化单元的简化 IGFC 系统流程

化设计可以提高冷煤气效率和降低 O_2 需求。来自空分系统的 O_2(95％纯度)经过四级间冷压缩后也送入气化炉。控制 O_2 和蒸汽的进气量(氧煤质量流量比为 0.68,蒸汽煤质量流量比为 0.33,蒸汽预热温度为 288℃)保证气化压力为 4.2 MPa,第一段气化温度为 1316～1427℃,第二段气化温度约为 999℃。气化后的合成气经过废锅换热降温到 316℃进而流出气化系统,同时生成副产压力为 3.1 MPa、出口温度为 534℃的过热蒸汽。出气化系统的合成气进入两段 WGS 系统,加水调整水气比为 2±0.1,其中高温变换出口气体温度为 400℃,低温变换出口气体温度为 235℃。

变换后合成气经过三级冷却降温到 35℃,除水后进入两段式 Selexol 系统分别脱除 H_2S 和 CO_2。Selexol 系统的设计参考 DOE 的 IGCC 模型(案例二)[202,204]。模型采用四乙二醇二甲醚($C_{10}H_{22}O_5$,一种二甲醚聚乙二醇)作为溶剂进行计算。CO_2 和 H_2S 的溶解模型使用 ELECNRTL 方法进行描述,合成气组分和 Selexol 溶剂的二元交互系数来自文献[204]中的数据。合成气进入 Selexol 系统中,首先使用 CO_2 富液吸收 H_2S,然后使用贫液和半贫液吸收 CO_2。吸收了 CO_2 的富液使用一系列闪蒸罐进行再生,而吸收了 H_2S 的富液首先在 H_2S 浓缩塔中通过 N_2 气提脱除 CO_2,再加热到 160℃进行热再生解吸。脱除的 H_2S(41.1％纯度)使用克劳斯法还原成单质硫(未在系统中显示)。由于经过 Selexol 净化单元的合成气中仍残留少量 CO 和 CO_2,如果不进行净化则会使 PEMFC 电极产生性能衰减。因此在模型中增加了 NT-PSA 模块作为进入发电单元之前的最后一道净化工序。该 NT-PSA 模型的性能使用文献[138]中的计算结果。

为了达到 PEMFC 的运行压力,合成气进入动力单元(33℃,3 MPa)经过预热后膨胀做功。用于预热的热量来源于部分产品气的燃烧放热。目前有关燃料电池输出功率的模拟有两种思路:一种是使用原料气在反应器中的燃烧放热量乘以发电效率[205];另一种根据吉布斯函数计算[206]。本章采用第一种计算方法,并假设 H_2 转化率为 90％,发电效率为 60％。在经过 PEMFC 后,阴极侧还有部分残余 H_2,其能量通过燃烧放热的形式进行回收[205,207]。此外,IGFC 子单元中产生的余热通过余热锅炉单元进行回收,并用于推动蒸汽轮机产生额外电能。用于循环的蒸汽压力等级设置为 3.1 MPa,在气化炉单元中被最终加热到 534℃后送入透平膨胀做功,之后依次经过冷却塔和升压泵以循环利用。

为了计算 Selexol 法的净化能耗,需要引入带有理想净化单元的 IGFC 系统,其简化后的系统流程如图 6.2 所示。该系统和图 6.1 的主要区别在

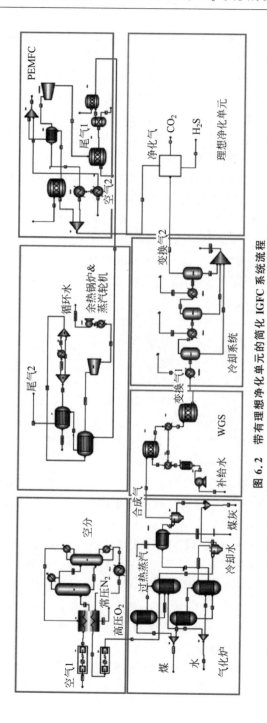

图 6.2　带有理想净化单元的简化 IGFC 系统流程

于使用无能耗的理想净化模块替代了 Selexol 和 NT-PSA,且假设从变换气中分离出 H$_2$S、CO 和 CO$_2$ 时不对其他单元产生任何影响。通过对比带有理想净化单元和 Selexol 净化单元的 IGFC 系统性能即可估算出净化能耗。

6.3.2　Selexol 法净化能耗计算

将以上两个模型在 Aspen Plus 软件中进行建模并计算,得到关键物流的温度、压力、流量、组分比例等信息见表 6.2 和表 6.3。可以发现以上物流的模拟结果和文献中的数据略有不同。在 DOE 的报道中,气化炉单元出口合成气组分含有更高浓度的 CH$_4$(4.43%)[203],这是因为所采用的 E-Gas 气化炉具有较低的气化温度。DOE 的 IGFC 模型采用的是 SOFC 模块,因此需要引入一定量的 CH$_4$ 提高 SOFC 的工作效率。本章采用 PEMFC 作为发电单元,需要降低 CH$_4$ 的生成量。事实上,本研究前期搭建的 IGCC 模型采用了 GE-德士古气化炉,可以产生更高浓度的 CO 和 H$_2$[22]。

表 6.2　IGFC_Selexol 系统物流计算结果

物流	温度 /℃	压力 /MPa	流量 /(kg/s)	组分(摩尔分数)/%						
				H$_2$O	N$_2$	O$_2$	H$_2$S	H$_2$	CO	CO$_2$
空气 1	15.0	0.1	163.9		0.790	0.210				
高压 O$_2$	40.0	3.5	36.1		0.048	0.952				
常压 N$_2$	30.7	0.2	88.7		0.975	0.025				
高压 N$_2$	40.0	3.2	39.0		0.975	0.025				
煤	15.0	4.3	50.6							
水	25.0	0.1	37.3	1						
冷却水	234.5	3.1	76.0	1						
过热蒸汽	534.6	3.1	76.0	1						
煤灰	148.4	3.1	4.1							
合成气	316.0	3.1	119.8	0.233	0.013		0.008	0.301	0.312	0.129
补给水	60.0	0.1	42.3	1						
变换气 1	234.9	3.2	162.1	0.227	0.010		0.006	0.437	0.003	0.314
变换气 2	35.0	3.2	127.9		0.012		0.008	0.566	0.004	0.406
H$_2$S	49.0	0.2	4.4	0.058	0.077	0.005	0.410			0.449
CO$_2$	36.0	0.2	92.3		0.002			0.023	0.001	0.964
净化气 1	35.8	3.2	18.9		0.019			0.920	0.007	0.050
净化气 2	33.0	3.0	7.0		0.002			0.998		
空气 2	50.0	0.1	320.6		0.790	0.210				
尾气 1	60.0	0.1	0.8		0.022			0.978		
尾气 2	80.4	0.1	201.3	0.065	0.764	0.170				
循环水	107.4	3.1	76.0	1						

表 6.3　IGFC_理想单元系统物流计算结果

物流	温度 /℃	压力 /MPa	流量 /(kg/s)	组分(摩尔分数)/%						
				H$_2$O	N$_2$	O$_2$	H$_2$S	H$_2$	CO	CO$_2$
空气 1	15.0	0.1	163.9		0.790	0.210				
高压 O$_2$	40.0	3.5	36.1		0.048	0.952				
常压 N$_2$	30.7	0.2	127.8		0.975	0.025				
煤	15.0	4.3	50.6							
水	25.0	0.1	37.3	1						
冷却水	235	3.1	84.1	1						
过热蒸汽	533.7	3.1	84.1	1						
煤灰	148.4	3.1	4.1							
合成气	316.0	3.1	119.8	0.233	0.013		0.008	0.301	0.312	0.129
补给水	60.0	0.1	42.3	1						
变换气 1	234.9	3.2	162.1	0.227	0.010		0.006	0.437	0.003	0.314
变换气 2	35.0	3.2	127.9		0.012		0.008	0.566	0.004	0.406
H$_2$S	35.0	3.2	1.7				1			
CO$_2$	35.0	3.2	118.8		0.029				0.010	0.953
净化气	33.0	3.0	7.4					1		
空气 2	50.0	0.1	320.6		0.79	0.21				
尾气 1	60.0	0.1	0.7					1		
尾气 2	79.7	0.1	201.4	0.071	0.762	0.167				
循环水	107.4	3.1	84.1	1						

　　此外,在模型构建方面,本 IGFC 模型取消了原系统中净化单元部分合成气返回气化单元的循环工艺,并且将 PEMFC 阴极尾气的燃烧单元从原有的 O$_2$ 进气改成空气进气。另外,原模型中的蒸汽循环设置了三种蒸汽压力等级,而本章进行简化处理,只保留了 3.1 MPa 的中压等级蒸汽循环。虽然这些简化处理可能会造成所计算发电效率的绝对值具有偏差,但是本章的建模目的是横向对比引入不同净化单元对系统产生的影响,因此可以认为只要保证在对比过程中 IGFC 模型框架没有变化,那么计算结果就有可信度。

　　对两种工况的热力学平衡和净化能耗进行计算(见表 6.4)。对表 6.4 的计算结果进行分析:首先模型使用的给煤量和 DOE 报告一致,因此输入系统的热量(1373.8 MW)保持一致。所估算的辅机功耗略高于 DOE 的模型,其主要原因是空分系统中的气体压缩功耗(4 级间冷压缩,等熵效率

90％～95％,机械效率 98％)略高于报告中的结果。在净化能耗方面,通过
式(6-1)可以计算得到 Selexol 法的净化能耗为 1.74 MJ/kg。本模型并没
有考虑捕集气体用于封存或运输前的压缩能耗,因此该值高于前期工作有
关 IGCC 燃烧前 CO_2 的捕集能耗(3.16 MJ/kg)[22]。IGFC_Selexol 模型中
的 Selexol 单元同时采用了闪蒸、N_2 气提、热再生三种再生方式,其中闪蒸
和 N_2 气提的引入增加了 N_2 压缩功和泵功(21.64 MW),而热再生的引入
降低了余热锅炉系统的蒸汽循环量,从而间接降低了蒸汽轮机的输出功率。
此外,从表 6.2 中可以发现 Selexol 出口还残留 5.7％的 CO 和 CO_2。根据
文献[138]中的报道,该工况下使用 NT-PSA 进行 H_2 提纯的 HRR 约为
93.8％,由此导致的 H_2 损失也降低了 PEMFC 的发电功率。

表 6.4 电站热力学平衡和 CO/CO_2 净化能耗计算结果

净化单元类型	理想净化	Selexol_1	Selexol_2
总发电功率/kW			
PEMFC 功率	482 723	439 800	472 589
净化气膨胀机功率	40 096	37 010	39 438
蒸汽透平功率	63 683	57 598	57 587
总功率/kW	586 502	534 408	569 614
辅机功耗/kW			
煤和炉渣处理	409	409	409
空分空气压缩机	47 045	47 045	47 045
O_2 压缩机	9773	9773	9773
N_2 压缩机	0	12 137	12 137
水处理泵	474	447	447
酸性气体脱除	0	9503	9503
变压器损失	2277	2277	2277
总辅机功耗/kW	69 047	90 660	90 660
净输出功率/kW	517 455	443 748	478 955
净发电效率(％,HHV①)	37.67	32.30	34.86
净热耗率/(kJ/(kW・h))	9558	11 145	10 326
原料			
收到基给煤量/(kg/h)	182 263	182 263	182 263
热输入/kW	1 373 816	1 373 816	1 373 816
净化能耗			
碳脱除量/(g/(kW・h))	807.8	912.3	845.2
SPECCA/(MJ/kg)		1.74	0.91

① 净发电效率基于高位热值(higher heating value,HHV)计算。

为了区分 Selexol 单元和 NT-PSA 单元的净化能耗,假设 NT-PSA 的 HRR 为 100%,计算结果见表 6.4 中的工况 3。由于工况 3 的假设,所计算得到的净化能耗完全来自 Selexol,因此可知工况 2 中 Selexol 单元的粗脱和 NT-PSA 单元的精脱对总净化能耗的贡献分别是 0.91 MJ/kg 和 0.83 MJ/kg。NT-PSA 的主要能耗来源于 H$_2$ 在清洗过程中的损耗。HRR 根据吸附塔数设置的不同以及工艺流程布置形式的不同而存在差异。从表 6.4 的结果可知,NT-PSA 的 HRR 对 IGFC 电站的发电效率影响较大。H$_2$ 是后续发电单元重要的能量来源,H$_2$ 在净化系统中的损失直接减少了 PEMFC 的发电量以及其阴极侧尾气的质量流量,进而也影响了蒸汽轮机的发电量。由于在具有净化捕集单元的 IGFC 电站中,进入燃气轮机的物流是高浓度的 H$_2$,因此发电量基本和 HRR 成正比,计算可知每提高 1% 的 HRR 将平均提高 0.416% 的发电效率并降低 0.13 MJ/kg 的净化能耗。由于设定 PEMFC 具有较高的发电效率,因此该发电效率的增幅略高于前期 IGCC 中的计算结果(0.363%/%)[22-23]。

6.4　采用 ET-PSA 法的 IGFC 系统

6.4.1　IGFC_ET-PSA 系统建模

相比于 Selexol 净化系统,ET-PSA 技术具有两个特点:①该技术工作在中温范围,也就是说变换气在经过高温 WGS 单元后不需要经过低温 WGS 和进入冷却系统降温,而是被直接送入净化单元,这使得采用 ET-PSA 的 IGFC 系统减少了电站设备投资,降低了系统复杂度。②该技术在解吸时只采用降压解吸,简化了传统湿法净化工艺中复杂的再生过程,降低了净化能耗。另外前期的工作证明了 ET-PSA 可具有同时净化变换气中 H$_2$S 和 CO$_2$ 的能力[208-209],因此不需要引入额外的 H$_2$S 净化单元。采用蒸汽冲洗和清洗的简化 IGFC_ET-PSA 电站系统流程见图 6.3。

如图 6.3 所示,相比于 IGFC_Selexol,该电站系统简化了冷却系统,同时取消了低温 WGS 反应器。变换气在经过 ET-PSA 的净化模块后再冷凝除水进入 PEMFC 单元发电,其中降温过程产生的放热热量可以作为循环蒸汽的预热热量。如果后续单元为 SOFC 或者燃气轮机,变换气甚至可以不经过除水步骤直接被送入发电单元[22]。值得注意的是在该 ET-PSA 单元中增设了一个反应器模块用于模拟变换气中残余 CO 的转化过程。然而在真实过程中 CO 的转化和 CO$_2$ 的脱附在 ET-PSA 的同一吸附塔内完成。

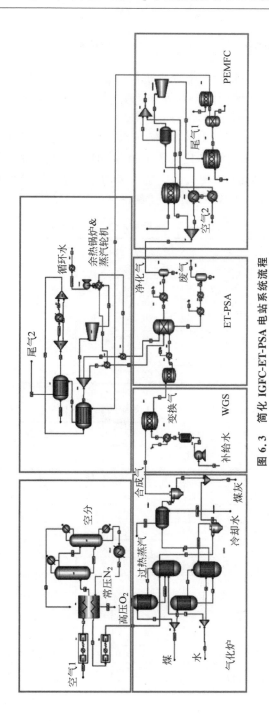

图 6.3　简化 IGFC-ET-PSA 电站系统流程

6.4.2 ET-PSA 法净化能耗计算

ET-PSA 的主要净化能耗来源于水蒸气的冲洗和清洗,即当吸附塔吸附完毕时,向吸附塔正向通入高压水蒸气,将塔中残留的 H_2 排出吸附塔;当吸附塔降压完毕时,向吸附塔逆向通入低压水蒸气帮助吸附剂进行解吸,同时排出塔中的废气。所采用的高、低压水蒸气来自蒸汽轮机系统的余热锅炉。第 5 章确定了在确保净化系统 HR 和 HRR 双高的情况下两段 ET-PSA 的最优水蒸气耗量(见表 6.5)。本研究对所列的 5 个工况进行模拟计算,以工况 24 为例,表 6.6 中列出了计算得到的物流结果。

表 6.5 ET-PSA 工艺冲洗和清洗的水蒸气耗量

工 况	20	21	24	25
耦合方式	串联	串联	回流 1	回流 2
HRR/%	97.26	97.45	97.51	97.48
HP/%	99.9993	99.9996	99.9994	99.9995
R/F 值	0.183	0.177	0.188	0.188
P/F 值	0.376	0.415	0.263	0.272
冲洗流量/(kg/s)	27.5	26.6	28.3	28.3
清洗流量/(kg/s)	56.5	62.4	39.5	40.9

表 6.6 IGFC_ET-PSA 系统物流计算结果

物流	温度/℃	压力/MPa	流量/(kg/s)	组分(摩尔分数)/%						
				H_2O	N_2	O_2	H_2S	H_2	CO	CO_2
空气 1	15.0	0.1	163.9	0.790	0.210					
高压 O_2	40.0	3.5	36.1		0.048	0.952				
常压 N_2	30.7	0.2	127.8		0.975	0.025				
煤	15.0	4.3	50.6							
水	25.0	0.1	37.3	1						
冷却水	130.4	3.1	34.8	1						
过热蒸汽	534.9	3.1	34.8	1						
煤灰	148.4	3.1	4.1							
合成气	316.0	3.1	119.8	0.233	0.013		0.008	0.301	0.312	0.129
补给水	60.0	0.1	42.3	1						
变换气	399.9	3.3	162.1	0.260	0.010		0.006	0.404	0.036	0.281
净化气	35	3.0	10.2	0.002	0.021			0.970		0.001

续表

物流	温度 /℃	压力 /MPa	流量 /(kg/s)	组分(摩尔分数)/%						
				H_2O	N_2	O_2	H_2S	H_2	CO	CO_2
废气	35.0	0.1	120.2	0.037	0.001		0.017	0.032		0.914
空气 2	50.0	0.1	320.6		0.790	0.210				
尾气 1	60.0	0.1	0.7					1.000		
尾气 2	78.0	0.1	201.5	0.070	0.762	0.168				
循环水	107.4	3.1	102.7	1.000						

由于低温 WGS 反应器的取消,ET-PSA 单元入口的变换气中还含有 3.6% 的 CO,这部分 CO 在净化单元继续转化为 H_2,因此避免了有效气体的损失。热再生工艺的取消以及 IGFC 系统换热设计的简化使得循环水质量流量从原来的 76.0 kg/s 增加到了 102.7 kg/s,但是由于 ET-PSA 单元冲洗和清洗蒸汽的需求,最终用于蒸汽轮机发电的过热蒸汽只有 34.8 kg/s。表 6.7 列出了 IGFC_ET-PSA 系统的能量平衡和净化能耗的计算结果。

表 6.7　IGFC_ET-PSA 系统的能量平衡和净化能耗分析

工　况	20	21	24	25
总发电功率/kW				
PEMFC 功率	443 548	434 666	472 249	472 249
净化气膨胀机功率	40 695	40 695	40 695	40 695
蒸汽透平功率	26 348	26 363	26 410	25 653
总功率/kW	510 590	501 723	539 354	538 597
辅机功耗/kW				
煤和炉渣处理	409	409	409	409
空分空气压缩机	47 045	47 045	47 045	47 045
O_2 压缩机	9773	9773	9773	9773
N_2 压缩机	0	0	0	0
水处理泵	637	653	584	585
酸性气体脱除	0	0	0	0
变压器损失	2277	2277	2277	2277
总辅机功耗/kW	69 209	69 225	69 157	69 157
净输出功率/kW	441 381	432 498	470 197	469 439
净发电效率/(%,HHV[①])	32.13	31.48	34.23	34.17
净热耗率/(kJ/(kW·h))	11 205	11 435	10 518	10 535

续表

工　　况	20	21	24	25
原料				
收到基给煤量/(kg/h)	182 263	182 263	182 263	182 263
热输入/kW	1 373 816	1 373 816	1 373 816	1 373 816
净化能耗				
碳脱除量/(g/(kW·h))	918.6	937.46	862.3	863.7
SPECCA/(MJ/kg)	1.79	2.00	1.11	1.13

① HHV 代表净发电效率是基于高位热值(HHV)计算。

　　根据计算结果可知,当采用具有回流结构的两段 ET-PSA 时,净化单元的 HRR 大于 97%,因此 PEMFC 发电量相比于采用 Selexol 时提高了 7.4%。但是由于冲洗和清洗所采用的水蒸气在蒸汽循环中提取,导致蒸汽轮机发电量下降了 54.1%~55.5%。辅机功耗方面,由于取消了 Selexol 单元,因此避免了酸性气体脱除泵功和 N$_2$ 压缩功。综合来看,回流结构的两段 ET-PSA 在该 IGFC 系统中的 CO/CO$_2$ 净化能耗为 1.11~1.13 MJ/kg,相比于 Selexol 法下降了 35.1%~36.2%。而如果只采用串联结构,则总水蒸气耗量/原料气比从原来的 0.45~0.46 急剧上升到 0.56~0.59,工况 20 和工况 21 的冲洗和清洗蒸汽耗量已经超过了余热锅炉系统所产生的总蒸汽耗量,因此需要通过降低 PEMFC 的 H$_2$ 转化率,增加尾气燃烧放热的形式进行补偿,但这也将导致计算得到的净化能耗要高于采用 Selexol 法。

6.4.3　参数优化对 ET-PSA 净化能耗的影响

　　前述的能耗分析过程主要采用基于 K-MG30 吸附剂的两段式 ET-PSA 模型计算数据。事实上,通过对吸附剂的优化以及工艺的创新有可能实现更高的净化效率和更低的水蒸气耗量。本节主要探讨参数优化对 ET-PSA 净化能耗的影响,从而为设计新一代 ET-PSA 净化系统指明方向。

　　本节首先考察了 HRR 对 ET-PSA 净化能耗的影响。从图 6.4(a)可以看出,当将总蒸汽耗比(R/F 值＋P/F 值)和工况 24 保持一致,并且将 HRR 提高到 100% 时,ET-PSA 的净化能耗为 0.72 MJ/kg,相比 Selexol 法降低了 58.6%。在此情况下,ET-PSA 的能耗完全来自蒸汽的消耗,因此 IGFC_ET-PSA 相对 IGFC_Selexol 而言在 PEMFC 发电量上提升了 10.5%,而在总辅机功耗上下降了 23.6%。当 HRR 降低时,PEMFC 和蒸汽轮机发电量的下降导致了总净化能耗的急剧上升。由于进入 PEMFC 的物流是高纯

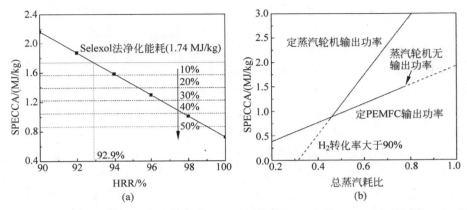

图 6.4 HRR 对 ET-PSA 净化能耗的影响（总蒸汽耗比为 0.45）（a）和总蒸汽耗比对 ET-PSA 净化能耗的影响（HRR 为 99%）（b）

H_2，因此发电量基本和 HRR 成正比。当 HRR 为 90%～100% 时，每提高 1% 的 HRR，IGFC_ET-PSA 的净发电效率将会提高 0.457%，对应的 ET-PSA 净化能耗则会降低 0.14 MJ/kg。当 HRR 低于 92.9% 时，ET-PSA 的净化能耗要高于 Selexol 法，该值和前期 IGCC 模型中的计算结果（93.5%）相近[23]。另外，HRR 的改变对总辅机功耗影响不明显。

固定 HRR 为 99%，研究总蒸汽耗比对 ET-PSA 净化能耗的影响。从 6.4.2 节的分析可以看出，由于冲洗和清洗蒸汽来源于余热锅炉的循环水，因此会降低蒸汽轮机的发电量。当水蒸气耗比较大时甚至会超过余热锅炉循环水的总量，因此需要通过燃烧部分 H_2 的形式进行热量补充。另外，在某些场合下蒸汽轮机的输出功率是给定的，无法进行随意调整。因此本节分别探讨了定 PEMFC 输出功率和定蒸汽轮机输出功率两种条件对总蒸汽耗比的影响。

如图 6.4（b）所示，当固定 PEMFC 输出功率（480.4 MW）时，改变总蒸汽耗比主要影响用于推动蒸汽轮机的蒸汽流量。一方面，蒸汽轮机在总蒸汽耗比为 0.45 时的输出功率为 27.1 MW。每降低 0.1 的总蒸汽耗比，蒸汽轮机输出功率将会提高 8.4 MW，但也会导致净化能耗降低 0.19 MJ/kg。另一方面，当总蒸汽耗比达到 0.77 时，余热锅炉的循环水全部用作 ET-PSA 的冲洗和清洗蒸汽，此时蒸汽轮机无输出功率；当固定蒸汽轮机输出功率（26.4 MW）时，ET-PSA 单元总蒸汽耗比的改变通过改变 PEMFC 单元 H_2 转化率进行平衡。每增加 0.1 的总蒸汽耗比所需要的净化能耗

(0.61 MJ/kg)要远高于定 PEMFC 输出功率的情况。这是因为所设定的 PEMFC 发电效率(60%)远大于蒸汽轮机,通过燃烧 H_2 的方式获取电能会造成大量做功能力的浪费。因此,在设计过程中需要尽可能选择合适的蒸汽轮机型号,以使 PEMFC 的输出功率能够被最大化利用。

对 Selexol 法和 ET-PSA 法的净化能耗进行总结,如图 6.5 所示。对于 Selexol 法来说,净化能耗来源于粗脱环节中闪蒸、热再生和 N_2 气提以及精脱环节的 H_2 损失,通过以理想净化单元作为基准工况计算得到净化能耗为 1.74 MJ/kg。两段式 ET-PSA 的净化能耗来源于少量 H_2 的损失和冲洗/清洗步骤中水蒸气的耗量。以 24 工况(HP 为 99.9994%,HRR 为 97.51,总蒸汽耗比为 0.45)为例,净化能耗为 1.11 MJ/kg。通过吸附剂和 PSA 工艺的优化有可能进一步降低 ET-PSA 的能耗。例如,如果将工况 24 的 HRR 提升到 99%,则净化能耗可以降到 0.86 MJ/kg。在此基础上,本研究通过固定 PEMFC 输出功率并调整余热锅炉循环水流量的形式将总蒸汽耗比降到 0.30,从而将净化能耗降到了 0.58 MJ/kg。

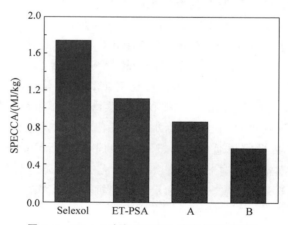

图 6.5　Selexol 法和 ET-PSA 法净化能耗对比

A：在工况 24 的基础上将 HRR 提升到 99%；B：在 A 的基础上将总蒸汽耗比降低到 0.30

6.5　本章小结

本章系统研究了 ET-PSA 单元的 CO/CO_2 净化能耗。相比于传统的 Selexol 加 NT-PSA 的净化思路,ET-PSA 可以避免产生净化单元的热再生能耗、贫液泵功和 N_2 压缩功。但是,冲洗和清洗步骤的引入增加了水蒸气耗量,进而降低了蒸汽轮机的发电功率。为了定量对比 ET-PSA 和 Selexol 法的净化能耗,本章建立了带有理想净化系统、ET-PSA 和 Selexol 的 IGFC 系统模型,通过计算在净化过程中净发电效率的下降和 CO/CO_2 脱除量来反算净化能耗。结果表明当采用 Selexol 加 NT-PSA 的净化策略时,CO/CO_2 净化能耗为 1.74 MJ/kg,且 Selexol 和 NT-PSA 单元对净化能耗的贡献分别是 0.91 MJ/kg 和 0.83 MJ/kg。NT-PSA 的 HRR 对 IGFC 的净发电效率至关重要,每增加 1% 的 HRR,系统的净发电效率和净化能耗分别增加 0.416% 和降低 0.13 MJ/kg。当采用具有回流结构的两段式 ET-PSA 时,净化单元可以实现 HP 和 HRR 的双高,且净化能耗(1.11~1.13 MJ/kg) 相比 Selexol 法降低了 35.1%~36.2%。通过分析还发现当采用串联结构的两段式 ET-PSA 时,由于蒸汽耗量过大,需要通过降低 PEMFC 的 H_2 转化率来提高蒸汽产量,因此相比 Selexol 法并没有能耗方面的优势。本章虽然采用的是 IGFC 系统作为分析框架,但是所得到的结果具有普适性。下一步的研究需要关注如何通过吸附剂和工序的优化来降低 ET-PSA 的 R/F 值和 P/F 值,从而进一步降低 CO/CO_2 的净化能耗。

第 7 章 总结与展望

7.1 总   结

本书针对氢燃料电池能源系统中有关高纯氢制取的研究现状,提出了基于水气变换(WGS)催化剂和中温 CO_2 吸附剂耦合的中温变压吸附(ET-PSA)技术。该技术可以避免 CO/CO_2 净化过程中原料气的显热损失和热再生能耗,并且可以通过蒸汽冲洗和蒸汽清洗的引入实现 H_2 纯度(HP)和 H_2 回收率(HRR)的双高。本书对 ET-PSA 技术中高压吸附动力学、微量CO 净化机理、总蒸汽耗比对净化性能的调控三个核心科学问题进行了研究。研究成果总结如下。

(1)提出了一种测试真实高压吸附动力学的方法,可以避免常规测试方法中驱替效应的干扰。搭建了钾修饰镁铝水滑石 K-MG30 在 $300\sim$ $450℃$,$0.1\sim2$ MPa 时的高压非平衡动力学模型。

基于静态床提出了吸附剂高压动力学的标定和测试方法,避免了 TGA 和固定床中的驱替效应。该方法通过测量吸附管中被吸附气体的压力随吸附时间的下降从而反算吸附量。为了确保测试结果的精确性,需要控制样品质量,保证吸附过程的压力降宏观小、微观大。此外,通过引入冷热分区的概念修正了温度不均对测量结果的影响,修正后的测量误差可以被控制在 ±0.03 mmol/g。

根据所提出的方法测量了 K-MG30 的 CO_2 高压吸附/解吸曲线和可逆等温吸附线,发现 CO_2 吸附量和吸附时间的对数呈线性关系。温度和压力的增加会提高 K-MG30 的可逆吸附性能,但是当 CO_2 分压超过 1 MPa 时,K-MG30 的性能将受到总吸附位点数量的制约。较慢的解吸动力学导致了第一次吸附/解吸过程存在部分不可逆吸附量。K-MG30 的 CO_2 高压吸附行为需要使用基于 Elovich 型的活化能进行描述,即认为吸附/解吸活化能受到 CO_2 表面覆盖率的影响。

(2)明确了不同种类钾修饰镁铝水滑石的 CO_2 吸附机理,证明了

K_2CO_3 修饰和 Mg/Al 存在协同作用。发现 K-MG30 表面吸附位点的异质性，其优异的微量 CO_2 净化性能来源于吸附 CO_2 之后形成的单齿碳酸盐。使用有机溶剂洗涤法合成了具有更高吸附位点密度和更好 K^+ 分散性的新型吸附剂，吸附量相比商业钾修饰镁铝水滑石提高了 22.9%。

使用原位 FTIR 证明了 K_2CO_3 浸渍后不同 Mg/Al 值的 LDO 具有不同的 CO_2 吸附机理。当 Mg/Al 值较高时，K_2CO_3 主要以体相的形式存在，在吸附 CO_2 时作为反应物残余反应，生成了稳定性较高的 K-Mg 碳酸盐，从而改变了吸附剂的热力学 CO_2 平衡分压；当 Mg/Al 值较小时，由于 Al^{3+} 部分替换了 MgO 层板中的 Mg^{2+}，在 LDO 表面形成了不饱和氧。通过浸渍引入的 K^+ 通过表面修饰和不饱和氧结合，形成了活性较高的 K-O-Mg 新型吸附位。K-LDO 主要的吸附位点碱性较弱，可以在中温条件下可逆吸附 CO_2 形成双齿碳酸盐。而 K-MG30 中还存在碱性较强的吸附位，可以和 CO_2 反应形成单齿碳酸盐。K-MG30 吸附位点的异质性确保了其在中温 CO_2 净化方面的优势。

由于 LDH 前驱体的高度堆叠结构，位于层板内部的吸附位点无法暴露，从而导致了其较低的吸附量。本书验证了通过在共沉淀合成过程中引入有机溶剂洗涤步骤以打破层间氢键，可以剥离出 LDH 纳米层板，从而极大地增加吸附位点密度。剥离的花状结构还可以保证 K^+ 具有更好的分散度，从而降低体相 K_2CO_3 的形成。改性后的 K-LDO（Mg/Al 值为 3）在 400℃的吸附量为 1.069 mmol/g，相比商业 K-LDO 提高了 22.9%。

（3）搭建了耦合高温 WGS 催化剂和 K-MG30 吸附剂的复合单塔，研究了吸附温度、压力、入口组分、流量、清洗气种类等对 CO/CO_2 净化能力的影响规律。证明了当吸附剂与催化剂填料比为 5 时，复合单塔残余 CO 浓度主要取决于 CO_2 吸附剂热力学平衡分压，且在原料气 CO 浓度为 5%～20%时可以达到 10^{-5} 以下。通过综合考虑吸附剂/催化剂动力学、吸附塔质量和动量平衡和动态边界条件建立了复合系统单塔模型，明确了调整操作工况对残余 CO 浓度的控制思路。

通过对带有 CO_2 吸附的 WGS 热力学平衡进行分析，证明了将富氢气体中 CO/CO_2 浓度同时降到 10^{-6} 量级以满足 PEMFC 的进气标准的可行性。通过只填有 K-MG30 的固定床单塔突破实验，确定了残余 CO_2 浓度主要取决于总解吸气流量和入口 CO_2 浓度。蒸汽清洗可以通过竞争吸附效应解吸残余在吸附剂表面的 CO_2，从而提高循环 CO_2 工作量，但是其对降低残余 CO_2 浓度作用有限。虽然较短的解吸时间无法确保循环净化效果，但是由于 K-MG30 的微量 CO_2 净化能力,当经过 12 h 的 Ar 清洗后,残余 CO_2 浓度可以被控制为 8.5×10^{-6}。由此设计了一种包含吸附、蒸汽冲洗、降压、蒸汽清洗、充压和高温蒸汽清洗等步骤的连续净化工艺,为下一步的系统搭建提供指导。

随后,通过将高温 WGS 催化剂耦合进入吸附塔,探索了吸附温度、压力、入口组分、原料气流量和清洗种类等对净化性能的影响。发现通过 WGS 的催化性能和中温 CO_2 吸附的耦合可以同时深度净化,在入口 CO 浓度为 5%~20% 的条件下将出口残余 CO 浓度控制在 10^{-5} 以下,且吸附剂利用率保持在 0.31~0.81。根据实验结果建立了吸附剂/催化剂复合单塔模型,通过对净化过程中固定床轴向 CO/CO_2 浓度进行分析,明确了复合系统残余 CO 浓度主要取决于吸附剂的 CO_2 吸附平衡而非催化剂效率。模型预测了 17 个不同操作工况的净化性能,获得了调控 CO 浓度的思路。

（4）搭建一段和两段 ET-PSA 分别用于两类富氢气体（脱碳气和高温变换气）的 CO/CO_2 净化,通过加入蒸汽冲洗和蒸汽清洗步骤实现了产品气中 HP（大于 99.999%）和 HRR（大于 95%）的双高。当变换气作为进气时,证明了采用两段式结构的必要性,并且通过加入尾气回流降低了蒸汽耗量。

首先搭建了一个 2 塔 7 步的 ET-PSA 模型用于经过 WGS 变换和 CO_2 粗脱后的脱碳气的 CO/CO_2 净化,证明了蒸汽高压冲洗和蒸汽低压清洗的引入可以实现 HP 和 HRR 的双高。蒸汽冲洗的引入回收了吸附结束后残余在塔内的 H_2,避免了逆放过程中的 H_2 损失,而蒸汽清洗替换了原有的产品气清洗作为吸附剂再生的手段。因此蒸汽冲洗比（R/F）主要影响 HRR 而蒸汽清洗比（P/F）主要影响 HP。由于蒸汽的消耗是 ET-PSA 的主要能耗来源,通过综合考虑净化效率和蒸汽耗量,确定了 ET-PSA 的优化操作区间。此外,ET-PSA 系统还被证明具有自净能力,当吸附塔被 CO/CO_2 穿透时,可以通过优化工况的运行而恢复净化能力,且提升操作温度可以极大地增加恢复速率。

当用于净化变换气（1% CO、29% CO_2、30% H_2O、40% H_2）时,较高的 CO/CO_2 入口浓度限制了 ET-PSA 的吸附/解吸时间,从而极大地增加了蒸汽耗量。为此,设计了耦合 8 塔 13 步和 2 塔 7 步的两段 ET-PSA,其中第一段 ET-PSA 用于变换气的粗脱,确保出口气体 HP 在 95% 以上。而第二段 ET-PSA 较低的 CO/CO_2 浓度可以确保较长的吸附/解吸时间,从而实现深度净化的目的。经过优化,两段 ET-PSA 可以实现 99.9994% 的

HP 和 97.51% 的 HRR，超过目前用于燃烧前 CO_2 捕集和制氢的 NT-PSA 的性能。通过采用将第二段 ET-PSA 的尾气作为第一段 ET-PSA 清洗气的回流结构可以进一步将总蒸汽耗比降到 0.451。

（5）建立了 ET-PSA 和传统净化方式的定量对比标准。将净化单元耦合进入整体煤气化燃料电池（IGFC）系统，通过计算发电效率的降低和总净化量反算 CO/CO_2 的净化能耗。结果表明具有回流结构的 ET-PSA 系统的净化能耗为 1.11～1.13 MJ/kg，相比 Selexol 加 NT-PSA 的净化方式降低了 35.1%～36.2%。

为了定量评价具有不同能耗来源的 CO/CO_2 净化方式，本书建立了带有 ET-PSA、Selexol 和理想净化单元的 IGFC 系统，通过计算由于净化单元的引入造成的发电效率降低和 CO/CO_2 脱除量来反算净化能耗。对于常规 Selexol 净化法，净化能耗来自闪蒸、N_2 气提、热再生等过程消耗的压缩功、泵功和热能。此外，还需要加入 NT-PSA 用于 CO/CO_2 的精脱，从而造成部分 H_2 的损失。通过和理想净化单元进行对比可以计算得到总净化能耗为 1.74 MJ/kg，其中 Selexol 和 NT-PSA 各占约一半的能耗。

HRR 会极大地影响净化效率，每增加 1% 的 HRR，净化能耗可以降低 0.13 MJ/kg。如果采用 ET-PSA 作为净化单元，则可以实现 HP 和 HRR 的双高，从而降低净化能耗。此外，可以从高温 WGS 出口通过一步净化制取高纯氢，降低净化复杂度和设备投资。ET-PSA 的净化能耗只来源于高温蒸汽的消耗。对于具有回流结构的 ET-PSA 系统，净化能耗相比 Selexol 降低了 35.1%～36.2%。该分析虽然基于 IGFC 分析框架，但是所得到的结论在富氢气体 CO/CO_2 净化的工业应用上具有普适性。

7.2　创　新　点

本书主要开展了以下三个方面的研究：

（1）钾修饰镁铝水滑石在 300～450℃ 和 0.1～2 MPa 下的高压吸附动力学，并以此提出高压 CO_2 吸附动力学模型。

（2）钾修饰镁铝水滑石的吸附热力学平衡和 K^+ 对吸附平衡的影响机制。

（3）针对钾修饰镁铝水滑石 CO_2 吸附/解吸特点，设计可行的中温变压吸附工艺，掌握水蒸气耗量对于系统性能的调控机制。

创新点如下：

（1）提出了一种用于吸附剂高温高压吸附/解吸动力学的标定、测量和修正方法，建立了适用于水滑石类中温 CO_2 吸附剂的高压动力学模型。

（2）明确了 K_2CO_3 和 Mg/Al 值对于调控钾修饰镁铝水滑石中温 CO_2 吸附特性的机理，使用有机溶剂洗涤法将吸附量提升了 22.9%。

（3）提出了基于中温变压吸附的两段式富氢气体 CO/CO_2 净化工艺。通过引入水蒸气高压冲洗和低压清洗实现了 H_2 纯度（99.9994%）和 H_2 回收率（97.51%）的双高，获得了气体净化能耗的定量评估方法。

7.3　展　　望

在本研究的基础，以下几个方面尚待进一步的探讨。

（1）有关水滑石不饱和氧吸附位点的直接证据

在有关 K-LDO 的 CO_2 吸附机理的探讨中，本书使用了一个文献中的先决结论，即 LDO 的 CO_2 吸附位点为不饱和氧。虽然该结论已经被研究者广泛采用，但是目前为止并没有关于不饱和氧存在的直接证据。事实上，通过原位电子顺磁共振（EPR）和原位拉曼等先进的表征设备有可能可以直接观察到 LDO 表面不饱和氧的存在，从而得到有关 K^+ 对 CO_2 吸附性能增加机理更深入的理解。

（2）进一步提升中温 CO_2 吸附剂性能

本书采用的 K-MG30 吸附剂在可逆微量 CO_2 净化方面具有不错的性能，但是即便采用 AMOST 进行改性，其中温 CO_2 吸附量仍然较低。为此有待开发在中温下具有更好 CO_2 吸附性能的新型吸附剂。近期文献报道了有关熔盐氧化镁吸附剂的合成和表征方法，在 300℃ 时的 CO_2 捕集量可以达到近 20 mmol/g，为中温高性能 CO_2 吸附剂的开发提供了很好的思路。

（3）多段 ET-PSA 工艺的设计和优化

本书最终采用了两段 ET-PSA 工艺用于富氢气体 CO/CO_2 净化，然而并未证明是否两段结构是最优结构。可以尝试通过设置多段 ET-PSA 或者优化工艺时序来进一步提高 HRR 和降低总蒸汽耗量。此外，本书采用了同一种材料作为两段 ET-PSA 的 CO_2 吸附剂，K-LDO 的采用保证了富氢气体的 CO/CO_2 净化精度。事实上，通过在粗脱阶段加入吸附量更大但 CO_2 热力学平衡分压更高的吸附剂（如熔盐氧化镁）有可能获得更好的综合净化效果。

参 考 文 献

[1] Keith D W. Why capture CO_2 from the atmosphere[J]. Science,2009,325(5948): 1654-1655.

[2] Jia L,Tan Y,Wang C,et al. Experimental study of oxy-fuel combustion and sulfur capture in a Mini-CFBC[J]. Energy & Fuels,2007,21(6): 3160-3164.

[3] Wang Y,Zhao L,Otto A,et al. A review of post-combustion CO_2 capture technologies from coal-fired power plants [J]. Energy Procedia, 2017, 114: 650-665.

[4] Bui M,Adjiman C S,Bardow A,et al. Carbon capture and storage (CCS): the way forward[J]. Energy & Environmental Science,2018,11(5): 1062-1176.

[5] Pfaff I,Oexmann J,Kather A. Optimised integration of post-combustion CO_2 capture process in greenfield power plants[J]. Energy,2010,35(10): 4030-4041.

[6] Mondal M K,Balsora H K,Varshney P. Progress and trends in CO_2 capture/ separation technologies: A review[J]. Energy,2012,46(1): 431-441.

[7] Yaumi A L,Bakar M Z A,Hameed B H. Recent advances in functionalized composite solid materials for carbon dioxide capture [J]. Energy, 2017, 124: 461-480.

[8] Theo W L,Lim J S,Hashim H,et al. Review of pre-combustion capture and ionic liquid in carbon capture and storage[J]. Applied Energy,2016,183: 1633-1663.

[9] Veras T D,Mozer T S,Dos Santos D,et al. Hydrogen: Trends, production and characterization of the main process worldwide [J]. International Journal of Hydrogen Energy,2017,42(4): 2018-2033.

[10] Mcdowall W,Eames M. Forecasts,scenarios,visions,backcasts and roadmaps to the hydrogen economy: A review of the hydrogen futures literature[J]. Energy Policy,2006,34(11): 1236-1250.

[11] Andersson J,Lundgren J. Techno-economic analysis of ammonia production via integrated biomass gasification[J]. Applied Energy,2014,130: 484-490.

[12] Steinberg M,Cheng H C. Modern and propective technologies for hydrogen-production from fossil-fuels[J]. International Journal of Hydrogen Energy,1989, 14(11): 797-820.

[13] Iribarren D,Susmozas A,Petrakopoulou F,et al. Environmental and exergetic evaluation of hydrogen production via lignocellulosic biomass gasification[J].

Journal of Cleaner Production,2014,69：165-175.

[14] Ahmad H,Kamarudin S K, Minggu L J, et al. Hydrogen from photo-catalytic water splitting process：A review[J]. Renewable & Sustainable Energy Reviews, 2015,43：599-610.

[15] Anantharaj S,Ede S R,Sakthikumar K,et al. Recent trends and perspectives in electrochemical water splitting with an emphasis on sulfide, selenide, and phosphide catalysts of Fe,Co,and Ni：a review[J]. ACS Catalysis,2016,6(12)：8069-8097.

[16] Muhich C L,Ehrhart B D, Al-Shankiti I, et al. A review and perspective of efficient hydrogen generation via solar thermal water splitting [J]. Wiley Interdisciplinary Reviews-Energy and Environment,2016,5(3)：261-287.

[17] Nikolaidis P, Poullikkas A. A comparative overview of hydrogen production processes[J]. Renewable & Sustainable Energy Reviews,2017,67：597-611.

[18] Ghenciu A F. Review of fuel processing catalysts for hydrogen production in PEM fuel cell systems[J]. Current Opinion in Solid State & Materials Science,2002, 6(5)：389-399.

[19] Acres G J K,Frost J C, Hards G A, et al. Electrocatalysts for fuel cells[J]. Catalysis Today,1997,38(4)：393-400.

[20] Barbir F,Yazici S. Status and development of PEM fuel cell technology[J]. International Journal of Energy Research,2008,32(5)：369-378.

[21] Turner J A. Sustainable hydrogen production [J]. Science, 2004, 305 (5686)：972-974.

[22] Zhu X,Shi Y,Cai N. Integrated gasification combined cycle with carbon dioxide capture by elevated temperature pressure swing adsorption[J]. Applied Energy, 2016,176：196-208.

[23] Zhu X,Shi Y,Cai N,et al. Techno-economic evaluation of an elevated temperature pressure swing adsorption process in a 540 MW IGCC power plant with CO_2 capture[J]. Energy Procedia,2014,63：2016-2022.

[24] Woolcock P J,Brown R C. A review of cleaning technologies for biomass-derived syngas[J]. Biomass & Bioenergy,2013,52：54-84.

[25] Cal M P, Strickler B W, Lizzio A A. High temperature hydrogen sulfide adsorption on activated carbon I. Effects of gas composition and metal addition [J]. Carbon,2000,38(13)：1757-1765.

[26] Cal M P,Strickler B W, Lizzio A A, et al. High temperature hydrogen sulfide adsorption on activated carbon Ⅱ. Effects of gas temperature,gas pressure and sorbent regeneration[J]. Carbon,2000,38(13)：1767-1774.

[27] Rupp E C,Granite E J,Stanko D C. Catalytic formation of carbonyl sulfide during warm gas clean-up of simulated coal-derived fuel gas with Pd/gamma-Al_2O_3

sorbents[J]. Fuel,2012,92(1): 211-215.

[28] Kameda T,Uchiyama N,Park K-S, et al. Removal of hydrogen chloride from gaseous streams using magnesium-aluminum oxide[J]. Chemosphere,2008,73 (5): 844-847.

[29] Trembly J P,Gemmen R S,Bayless D J. The effect of IGFC warm gas cleanup system conditions on the gas-solid partitioning and form of trace species in coal syngas and their interactions with SOFC anodes[J]. Journal of Power Sources, 2007,163(2): 986-996.

[30] Siriwardane R V,Robinson C,Shen M, et al. Novel regenerable sodium-based sorbents for CO_2 capture at warm gas temperatures[J]. Energy & fuels,2007,21 (4): 2088-2097.

[31] Siriwardane R V,Stevens R W. Novel regenerable magnesium hydroxide sorbents for CO_2 capture at warm gas temperatures [J]. Industrial & Engineering Chemistry Research,2009,48(4): 2135-2141.

[32] Liu Z,Green W H. Analysis of adsorbent-based warm CO_2 capture technology for integrated gasification combined cycle (IGCC) power plants[J]. Industrial & Engineering Chemistry Research,2014,53(27): 11145-11158.

[33] Conling D J,Prakash K,Green W H. Analysis of membrane and adsorbent processes for warm syngas cleanup in integrated gasification combined-cycle power with CO_2 capture and sequestration [J]. Industrial & Engineering Chemistry Research,2011,50(19): 11313-11336.

[34] Zhu X,Shi Y,Cai N. Characterization on trace carbon monoxide leakage in high purity hydrogen in sorption enhanced water gas shifting process[J]. International Journal of Hydrogen Energy,2016,41(40): 18050-18061.

[35] Park E D,Lee D,Lee H C. Recent progress in selective CO removal in a H_2-rich stream[J]. Catalysis Today,2009,139(4): 280-290.

[36] Alptekin G. A low cost, high capacity regenerable sorbent for pre-combustion CO_2 capture[R]. Tda Research,Incorporated,United States,2012.

[37] Plaza M G,Pevida C. New Trends in Coal Conversion[M]. Duxford: Woodhead Publishing,2019: 31-58.

[38] Gupta R,Turk B,Lesemann M. RTI/Eastman warm syngas clean-up technology: Integration with carbon capture [C]. Gasification Technologies Conference, Colorado,2009.

[39] Denton D L. An update on RTI's warm syngas cleanup demonstration project [C]. Gasification Technologies Conference,Washington,DC,2014.

[40] Allam R J,Chiang R,Hufton J R, et al. Development of the sorption enhanced water gas shift process[M]. Carbon Dioxide Capture for Storage in Deep Geologic Formations-Results from the CO_2 Capture Project,2005: 227-256.

[41] Jansen D, Van Selow E, Cobden P, et al. SEWGS Technology is now ready for scale-up[J]. Energy Procedia, 2013, 37: 2265-2273.

[42] Van Dijk H a J, Cobden P D, Lundqvist M, et al. Cost effective CO$_2$ reduction in the iron & steel industry by means of the SEWGS technology: STEPWISE project[J]. Energy Procedia, 2017, 114: 6256-6265.

[43] Van Dijk H a J, Cobden P D, Lukashuk L, et al. STEPWISE project: sorption-enhanced water-gas shift technology to reduce carbon footprint in the iron and steel industry an introduction to the project, its aims and its technology[J]. Johnson Matthey Technology Review, 2018, 62(4): 395-402.

[44] Zheng Y, Shi Y, Li S, et al. Elevated temperature hydrogen/carbon dioxide separation process simulation by integrating elementary reaction model of hydrotalcite adsorbent[J]. International Journal of Hydrogen Energy, 2014, 39 (8): 3771-3779.

[45] Zhu X, Shi Y, Li S, et al. Two-train elevated-temperature pressure swing adsorption for high-purity hydrogen production[J]. Applied Energy, 2018, 229: 1061-1071.

[46] Yong Z, Mata V, Rodrigues A E. Adsorption of carbon dioxide onto hydrotalcite-like compounds (HTlcs) at high temperatures[J]. Industrial & Engineering Chemistry Research, 2001, 40(1): 204-209.

[47] Wang Q, Luo J, Zhong Z, et al. CO$_2$ capture by solid adsorbents and their applications: current status and new trends [J]. Energy & Environmental Science, 2011, 4(1): 42-55.

[48] Wang J, Huang L, Yang R, et al. Recent advances in solid sorbents for CO$_2$ capture and new development trends[J]. Energy & Environmental Science, 2014, 7(11): 3478-3518.

[49] Li S, Shi Y, Zeng H, et al. Development of carboxyl-layered double hydrotalcites of enhanced CO$_2$ capture capacity by K$_2$CO$_3$ promotion[J]. Adsorption-Journal of the International Adsorption Society, 2017, 23(2-3): 239-248.

[50] Lee K B, Verdooren A, Caram H S, et al. Chemisorption of carbon dioxide on potassium-carbonate-promoted hydrotalcite[J]. Journal of Colloid and Interface Science, 2007, 308(1): 30-39.

[51] Van Selow E, Cobden P, Van Den Brink R, et al. Pilot-scale development of the sorption enhanced water gas shift process [M]. Berks: CPL Press, 2009: 157-180.

[52] Filitz R, Kierzkowska A M, Broda M, et al. Highly efficient CO$_2$ sorbents: development of synthetic, calcium-rich dolomites[J]. Environmental Science & Technology, 2011, 46(1): 559-565.

[53] Nakagawa K, Ohashi T. A novel method of CO$_2$ capture from high temperature

gases[J]. Journal of the Electrochemical Society,1998,145(4): 1344-1346.

[54] Wu Y,Li P,Yu J,et al. Progress on sorption-enhanced reaction process for hydrogen production [J]. Reviews in Chemical Engineering, 2016, 32 (3): 271-303.

[55] Zhu X,Shi Y,Cai N. CO_2 residual concentration of potassium-promoted hydrotalcite for deep CO/CO_2 purification in H_2-rich gas[J]. Journal of Energy Chemistry,2017,26(5): 956-964.

[56] Liu L,Xie Z H,Deng Q F,et al. One-pot carbonization enrichment of nitrogen in microporous carbon spheres for efficient CO_2 capture[J]. Journal of Materials Chemistry A,2017,5(1): 418-425.

[57] Zhou Y J,Liu J J,Xiao M,et al. Designing supported ionic liquids (ILs) within inorganic nanosheets for CO_2 capture applications[J]. ACS Applied Materials & Interfaces,2016,8(8): 5547-5555.

[58] Chen C,Ahn W S. CO_2 capture using mesoporous alumina prepared by a sol-gel process[J]. Chemical Engineering Journal,2011,166(2): 646-651.

[59] Cruz-Hernandez A, Mendoza-Nieto J A, Pfeiffer H. NiO-CaO materials as promising catalysts for hydrogen production through carbon dioxide capture and subsequent dry methane reforming[J]. Journal of Energy Chemistry, 2017, 26 (5): 942-947.

[60] Olavarria P,Vera E, Lima E J, et al. Synthesis and evaluation as CO_2 chemisorbent of the $Li_5(Al_{1-x}Fe_x)O_4$ solid solution materials: Effect of oxygen addition[J]. Journal of Energy Chemistry,2017,26(5): 948-955.

[61] Yong Z,Mata V, Rodrigues A E. Adsorption of carbon dioxide at high temperature-a review[J]. Separation and Purification Technology,2002,26(2-3): 195-205.

[62] Garces-Polo S I,Villarroel-Rocha J,Sapag K,et al. Adsorption of CO_2 on mixed oxides derived from hydrotalcites at several temperatures and high pressures[J]. Chemical Engineering Journal,2018,332: 24-32.

[63] De Marco M,Menzel R,Bawaked S M,et al. Hybrid effects in graphene oxide/ carbon nanotube-supported layered double hydroxides: enhancing the CO_2 sorption properties[J]. Carbon,2017,123: 616-627.

[64] Kou X C,Guo H X,Ayele E G,et al. Adsorption of CO_2 on $MgAl-CO_3$ LDHs-derived sorbents with 3D nanoflower-like structure[J]. Energy & Fuels,2018,32 (4): 5313-5320.

[65] Zhu X,Wang Q, Shi Y, et al. Layered double oxide/activated carbon-based composite adsorbent for elevated temperature H_2/CO_2 separation [J]. International Journal of Hydrogen Energy,2015,40(30): 9244-9253.

[66] Yang W S,Kim Y,Liu P K T,et al. A study by in situ techniques of the thermal

evolution of the structure of a Mg-Al-CO_3 layered double hydroxide[J]. Chemical Engineering Science,2002,57(15): 2945-2953.

[67] Di Cosimo J I, Diez V K, Xu M, et al. Structure and surface and catalytic properties of Mg-Al basic oxides[J]. Journal of Catalysis,1998,178(2): 499-510.

[68] Leon M, Diaz E, Bennici S, et al. Adsorption of CO_2 on hydrotalcite-derived mixed oxides: sorption mechanisms and consequences for adsorption irreversibility[J]. Industrial & Engineering Chemistry Research,2010,49(8): 3663-3671.

[69] Gao Y, Zhang Z, Wu J, et al. Comprehensive investigation of CO_2 adsorption on Mg-Al-CO_3 LDH-derived mixed mental oxides [J]. Journal of Materials Chemistry A,2013,1(41): 12782-12790.

[70] Wang Q, Wu Z, Tay H H, et al. High temperature adsorption of CO_2 on Mg-Al hydrotalcite: Effect of the charge compensating anions and the synthesis pH[J]. Catalysis Today,2011,164(1): 198-203.

[71] Kim S, Jeon S G, Lee K B. High-temperature CO_2 sorption on hydrotalcite having a high Mg/Al molar ratio[J]. Acs Applied Materials & Interfaces,2016,8(9): 5763-5767.

[72] Silva J M, Trujillano R, Rives V, et al. High temperature CO_2 sorption over modified hydrotalcites[J]. Chemical Engineering Journal,2017,325: 25-34.

[73] Du H, Ebner A D, Ritter J A. Pressure dependence of the nonequilibrium kinetic model that describes the adsorption and desorption behavior of CO_2 in K-promoted hydrotalcite like compound[J]. Industrial & Engineering Chemistry Research,2011,50(1): 412-418.

[74] Coenen K, Gallucci F, Pio G, et al. On the influence of steam on the CO_2 chemisorption capacity of a hydrotalcite-based adsorbent for SEWGS applications [J]. Chemical Engineering Journal,2016,314: 554-569.

[75] Oliveira E L G, Grande C A, Rodrigues A E. CO_2 sorption on hydrotalcite and alkali-modified (K and Cs) hydrotalcites at high temperatures[J]. Separation and Purification Technology,2008,62(1): 137-147.

[76] Meis N N A H, Bitter J H, De Jong K P. Support and size effects of activated hydrotalcites for precombustion CO_2 capture [J]. Industrial & Engineering Chemistry Research,2010,49(3): 1229-1235.

[77] Yong Z, Rodrigues A E. Hydrotalcite-like compounds as adsorbents for carbon dioxide[J]. Energy Conversion and Management,2002,43(14): 1865-1876.

[78] Moreira R, Soares J L, Casarin G L, et al. Adsorption of CO_2 on hydrotalcite-like compounds in a fixed bed[J]. Separation Science and Technology,2006,41(2): 341-357.

[79] Wang Q, Tay H H, Ng D J W, et al. The effect of trivalent cations on the performance of Mg-M-CO_3 layered double hydroxides for high-temperature CO_2

capture[J]. Chemsuschem,2010,3(8): 965-973.

[80] Hutson N D, Attwood B C. High temperature adsorption of CO_2 on various hydrotalcite-like compounds[J]. Adsorption,2008,14(6): 781-789.

[81] Reddy M K R,Xu Z P,Lu G Q, et al. Influence of water on high-temperature CO_2 capture using layered double hydroxide derivatives [J]. Industrial & Engineering Chemistry Research,2008,47(8): 2630-2635.

[82] Coenen K, Gallucci F, Cobden P, et al. Chemisorption working capacity and kinetics of CO_2 and H_2O of hydrotalcite-based adsorbents for sorption-enhanced water-gas-shift applications[J]. Chemical Engineering Journal,2016,293: 9-23.

[83] Li S,Shi Y, Yang Y, et al. High-performance CO_2 adsorbent from interlayer potassium-promoted stearate-pillared hydrotalcite precursors [J]. Energy & Fuels,2013,27(9): 5352-5358.

[84] Bhatta L K G,Subramanyam S,Chengala M D,et al. Layered double hydroxides/ multiwalled carbon nanotubes-based composite for high-temperature CO_2 adsorption[J]. Energy & Fuels,2016,30(5): 4244-4250.

[85] Wang J,Mei X,Huang L,et al. Synthesis of layered double hydroxides/graphene oxide nanocomposite as a novel high-temperature CO_2 adsorbent[J]. Journal of Energy Chemistry,2015,24(2): 127-137.

[86] Ding Y, Alpay E. Equilibria and kinetics of CO_2 adsorption on hydrotalcite adsorbent[J]. Chemical Engineering Science,2000,55(17): 3461-3474.

[87] Reijers H T J, Valster-Schiermeier S E A,Cobden P D,et al. Hydrotalcite as CO_2 sorbent for sorption-enhanced steam reforming of methane[J]. Industrial & Engineering Chemistry Research,2006,45(8): 2522-2530.

[88] Walspurger S,De Munck S, Cobden P D, et al. Correlation between structural rearrangement of hydrotalcite-type materials and CO_2 sorption processes under pre-combustion decarbonisation conditions [J]. Energy Procedia, 2011, 4: 1162-1167.

[89] Van Selow E R, Cobden P D, Van Dijk H a J, et al. Qualification of the ALKASORB sorbent for the sorption-enhanced water-gas shift process [J]. Energy Procedia,2013,37: 180-189.

[90] Martunus,Helwani Z,Wiheeb A D,et al. Improved carbon dioxide capture using metal reinforced hydrotalcite under wet conditions[J]. International Journal of Greenhouse Gas Control,2012,7: 127-136.

[91] Boon J,Cobden P D,Van Dijk H a J,et al. Isotherm model for high-temperature, high-pressure adsorption of CO_2 and H_2O on K-promoted hydrotalcite[J]. Chemical Engineering Journal,2014,248: 406-414.

[92] Reynolds S P,Ebner A D,Ritter J A. New pressure swing adsorption cycles for carbon dioxide sequestration [J]. Adsorption-Journal of the International

Adsorption Society,2005,11:531-536.

[93] Ebner A D, Reynolds S P, Ritter J A. Understanding the adsorption and desorption behavior of CO_2 on a K-promoted hydrotalcite-like compound (HTlc) through nonequilibrium dynamic isotherms [J]. Industrial & Engineering Chemistry Research,2006,45(18):6387-6392.

[94] Ebner A D,Reynolds S P,Ritter J A. Nonequilibrium kinetic model that describes the reversible adsorption and desorption behavior of CO_2 in a K-promoted hydrotalcite-like compound[J]. Industrial & Engineering Chemistry Research,2007,46(6):1737-1744.

[95] Du H,Ebner A D,Ritter J A. Temperature dependence of the nonequilibrium kinetic model that describes the adsorption and desorption behavior of CO_2 in Kpromoted HTlc[J]. Industrial & Engineering Chemistry Research,2010,49(7):3328-3336.

[96] Zheng Y,Shi Y,Li S,et al. Mechanism modeling of elevated temperature pressure swing adsorption process for pre-combustion CO_2 capture[J]. Energy Procedia,2013,37:2307-2315.

[97] Du H,Williams C T,Ebner A D,et al. In situ FTIR spectroscopic analysis of carbonate transformations during adsorption and desorption of CO_2 in Kpromoted HTlc[J]. Chemistry of Materials,2010,22(11):3519-3526.

[98] Walspurger S,Boels L,Cobden P D,et al. The crucial role of the K^+-aluminium oxide interaction in K^+-promoted alumina- and hydrotalcite-based materials for CO_2 sorption at high temperatures[J]. Chemsuschem,2008,1(7):643-650.

[99] 张业新,苏庆运,王仲鹏,等. 钾对镁铝水滑石复合氧化物的表面改性[J]. 物理化学学报,2010,26(4):921-926.

[100] Coenen K,Gallucci F,Mezari B,et al. An in-situ IR study on the adsorption of CO_2 and H_2O on hydrotalcites [J]. Journal of CO_2 Utilization, 2018, 24:228-239.

[101] Sharma U,Tyagi B,Jasra R V. Synthesis and characterization of Mg-Al-CO_3 layered double hydroxide for CO_2 adsorption [J]. Industrial & Engineering Chemistry Research,2008,47(23):9588-9595.

[102] Coenen K,Gallucci F,Cobden P,et al. Influence of material composition on the CO_2 and H_2O adsorption capacities and kinetics of potassium-promoted sorbents [J]. Chemical Engineering Journal,2018,334:2115-2123.

[103] Beaver M G,Caram H S,Sircar S. Selection of CO_2 chemisorbent for fuel-cell grade H_2 production by sorption-enhanced water gas shift reaction [J]. International Journal of Hydrogen Energy,2009,34(7):2972-2978.

[104] Van Selow E R,Cobden P D,Verbraeken P A,et al. Carbon capture by sorption-enhanced water-gas shift reaction process using hydrotalcite-based material[J].

Industrial & Engineering Chemistry Research,2009,48(9): 4184-4193.

[105] Hu Y,Cui H,Cheng Z, et al. Sorption-enhanced water gas shift reaction by in situ CO_2 capture on an alkali metal salt-promoted MgO-$CaCO_3$ sorbent[J]. Chemical Engineering Journal,2019,377: 119823.

[106] Bion N,Epron F,Moreno M,et al. Preferential oxidation of carbon monoxide in the presence of hydrogen (PROX) over noble metals and transition metal oxides: Advantages and drawbacks[J]. Topics in Catalysis, 2008, 51 (1-4): 76-88.

[107] Mishra A,Prasad R. A review on preferential oxidation of carbon monoxide in hydrogen rich gases[J]. Bulletin of Chemical Reaction Engineering & Catalysis, 2011,6(1): 1-14.

[108] Yu X,Li H, Tu S, et al. Pt-Co catalyst-coated channel plate reactor for preferential CO oxidation[J]. International Journal of Hydrogen Energy,2011, 36(5): 3778-3788.

[109] Galletti C, Specchia S, Saracco G, et al. CO-selective methanation over Ru-gamma Al_2O_3 catalysts in H_2-rich gas for PEM FC applications[J]. Chemical Engineering Science,2010,65(1): 590-596.

[110] Abdel-Mageed A M,Widmann D,Olesen S E,et al. Selective CO methanation on Ru/TiO_2 catalysts: role and influence of metal-support interactions[J]. Acs Catalysis,2015,5(11): 6753-6763.

[111] Saavedra J,Whittaker T,Chen Z,et al. Controlling activity and selectivity using water in the Au-catalysed preferential oxidation of CO in H_2 [J]. Nature Chemistry,2016,8(6): 584-589.

[112] Davo-Quilionero A,Navlani-Garcia M,Lozano-Castello D,et al. Role of hydroxyl groups in the preferential oxidation of CO over copper oxide-cerium oxide catalysts[J]. ACS Catalysis,2016,6(3): 1723-1731.

[113] Lu G Q,Da Costa J C D, Duke M, et al. Inorganic membranes for hydrogen production and purification: A critical review and perspective[J]. Journal of Colloid and Interface Science,2007,314(2): 589-603.

[114] Gallucci F,Fernandez E,Corengia P,et al. Recent advances on membranes and membrane reactors for hydrogen production[J]. Chemical Engineering Science, 2013,92: 40-66.

[115] Li P,Wang Z, Qiao Z, et al. Recent developments in membranes for efficient hydrogen purification[J]. Journal of Membrane Science,2015,495: 130-168.

[116] Gao Z,Cui L, Ma H. Selective methanation of CO over Ni/Al_2O_3 catalyst: Effects of preparation method and Ru addition[J]. International Journal of Hydrogen Energy,2016,41(12): 5484-5493.

[117] Jang H M,Lee K B,Caram H S,et al. High-purity hydrogen production through

sorption enhanced water gas shift reaction using K$_2$CO$_3$-promoted hydrotalcite [J]. Chemical Engineering Science,2012,73：431-438.

[118] Moreira M N,Ribeiro A M,Cunha A F,et al. Copper based materials for water-gas shift equilibrium displacement[J]. Applied Catalysis B：Environmental, 2016,189：199-209.

[119] Lee C H,Lee K B. Application of one-body hybrid solid pellets to sorption-enhanced water gas shift reaction for high-purity hydrogen production[J]. International Journal of Hydrogen Energy,2014,39(31)：18128-18134.

[120] Choi Y,Stenger H G. Water gas shift reaction kinetics and reactor modeling for fuel cell grade hydrogen[J]. Journal of Power Sources,2003,124(2)：432-439.

[121] Jang H M,Kang W R,Lee K B. Sorption-enhanced water gas shift reaction using multi-section column for high-purity hydrogen production[J]. International Journal of Hydrogen Energy,2013,38(14)：6065-6071.

[122] Yi K B,Harrison D P. Low-pressure sorption-enhanced hydrogen production [J]. Industrial & Engineering Chemistry Research,2005,44(6)：1665-1669.

[123] 李振山.基于化学链燃烧的吸收增强式甲烷重整制氢研究[D].北京：清华大学,2006.

[124] Li Z,Liu Y,Cai N. Effect of CaO hydration and carbonation on the hydrogen production from sorption enhanced water gas shift reaction[J]. International Journal of Hydrogen Energy,2012,37(15)：11227-11236.

[125] Walspurger S,Cobden P D,Haije W G,et al. In situ XRD detection of reversible dawsonite formation on alkali promoted alumina：A cheap sorbent for CO$_2$ capture[J]. European Journal of Inorganic Chemistry,2010(17)：2461-2464.

[126] Wang Y,Han X W,Ji A,et al. Basicity of potassium-salt modified hydrotalcite studied by H-1 MAS NMR using pyrrole as a probe molecule[J]. Microporous and Mesoporous Materials,2005,77(2-3)：139-145.

[127] Wright A,White V,Hufton J,et al. Reduction in the cost of pre-combustion CO$_2$ capture through advancements in sorption-enhanced water-gas-shift[J]. Energy Procedia,2009,1(1)：707-714.

[128] Wright A D,White V,Hufton J R,et al. CAESAR：Development of a SEWGS model for IGCC[J]. Energy Procedia,2011,4：1147-1154.

[129] Reijers R,Van Selow E,Cobden P,et al. SEWGS process cycle optimization[J]. Energy Procedia,2011,4：1155-1161.

[130] Najmi B,Bolland O,Westman S F. Simulation of the cyclic operation of a PSA-based SEWGS process for hydrogen production with CO$_2$ Capture[J]. Energy Procedia,2013,37：2293-2302.

[131] Riboldi L,Bolland O. Evaluating pressure swing adsorption as a CO$_2$ separation technique in coal-fired power plants[J]. International Journal of Greenhouse Gas

Control,2015,39: 1-16.

[132] Sircar S,Golden T C. Purification of hydrogen by pressure swing adsorption[J]. Separation Science and Technology,2000,35(5): 667-687.

[133] Riboldi L,Bolland O. Overview on pressure swing adsorption (PSA) as CO_2 capture technology: state-of-the-art,limits and potentials[J]. Energy Procedia, 2017,114: 2390-2400.

[134] Ribeiro A M,Grande C A,Lopes F V S, et al. Four beds pressure swing adsorption for hydrogen purification: Case of humid feed and activated carbon beds[J]. Aiche Journal,2009,55(9): 2292-2302.

[135] Ribeiro A M,Grande C A,Lopes F V S,et al. A parametric study of layered bed PSA for hydrogen purification[J]. Chemical Engineering Science,2008,63(21): 5258-5273.

[136] Moon D K,Lee D G,Lee C H. H_2 pressure swing adsorption for high pressure syngas from an integrated gasification combined cycle with a carbon capture process[J]. Applied Energy,2016,183: 760-774.

[137] Lopes F V S,Grande C A, Rodrigues A E. Activated carbon for hydrogen purification by pressure swing adsorption: Multicomponent breakthrough curves and PSA performance[J]. Chemical Engineering Science,2011,66(3): 303-317.

[138] Luberti M,Friedrich D,Brandani S,et al. Design of a H_2 PSA for cogeneration of ultrapure hydrogen and power at an advanced integrated gasification combined cycle with pre-combustion capture[J]. Adsorption-Journal of the International Adsorption Society,2014,20(2-3): 511-524.

[139] Nikolic D,Giovanoglou A,Georgiadis M C,et al. Generic modeling framework for gas separations using multibed pressure swing adsorption processes[J]. Industrial & Engineering Chemistry Research,2008,47(9): 3156-3169.

[140] Zhu X,Shi Y, Li S, et al. Elevated temperature pressure swing adsorption process for reactive separation of CO/CO_2 in H_2-rich gas[J]. International Journal of Hydrogen Energy,2018,43(29): 13305-13317.

[141] Najmi B,Bolland O,Colombo K E. A systematic approach to the modeling and simulation of a Sorption Enhanced Water Gas Shift (SEWGS) process for CO_2 capture[J]. Separation and Purification Technology,2016,157: 80-92.

[142] Lee C H,Lee K B. Sorption-enhanced water gas shift reaction for high-purity hydrogen production: Application of a Na-Mg double salt-based sorbent and the divided section packing concept[J]. Applied Energy,2017,205: 316-322.

[143] Boon J,Cobden P D, Van Dijk H a J,et al. High-temperature pressure swing adsorption cycle design for sorption-enhanced water-gas shift[J]. Chemical Engineering Science,2015,122: 219-231.

[144] Gazzani M, Macchi E, Manzolini G. CO_2 capture in integrated gasification

combined cycle with SEWGS-Part A：Thermodynamic performances[J]. Fuel，2013，105：206-219.

[145] Riboldi L，Bolland O. Pressure swing adsorption for coproduction of power and ultrapure H_2 in an IGCC plant with CO_2 capture[J]. International Journal of Hydrogen Energy，2016，41(25)：10646-10660.

[146] Campanari S，Chiesa P，Manzolini G. CO_2 capture from combined cycles integrated with Molten Carbonate Fuel Cells [J]. International Journal of Greenhouse Gas Control，2010，4(3)：441-451.

[147] Valenti G，Bonalumi D，Macchi E. A parametric investigation of the chilled ammonia process from energy and economic perspectives[J]. Fuel，2012，101：74-83.

[148] Lu H，Lu Y，Rostam-Abadi M. CO_2 sorbents for a sorption-enhanced water-gas-shift process in IGCC plants：A thermodynamic analysis and process simulation study[J]. International Journal of Hydrogen Energy，2013，38(16)：6663-6672.

[149] Manzolini G，Macchi E，Gazzani M. CO_2 capture in integrated gasification combined cycle with SEWGS-Part B：Economic assessment[J]. Fuel，2013，105：220-227.

[150] Wu Y，Li P，Yu J，et al. K-promoted hydrotalcites for CO_2 capture in sorption enhanced reactions [J]. Chemical Engineering & Technology，2013，36 (4)：567-574.

[151] Ram Reddy M，Xu Z，Lu G，et al. Layered double hydroxides for CO_2 capture：structure evolution and regeneration[J]. Industrial & engineering chemistry research，2006，45(22)：7504-7509.

[152] Van Selow E R，Cobden P D，Wright A D，et al. Improved sorbent for the sorption-enhanced water-gas shift process [J]. Energy Procedia，2011，4：1090-1095.

[153] Leon M，Diaz E，Vega A，et al. A kinetic study of CO_2 desorption from basic materials：Correlation with adsorption properties [J]. Chemical Engineering Journal，2011，175：341-348.

[154] Zeldowitsch J. The catalytic oxidation of carbon monoxide on manganese dioxide [J]. Acta Physicochim. URSS，1934，1：364-449.

[155] Ho Y-S. Review of second-order models for adsorption systems[J]. Journal of Hazardous Materials，2006，136(3)：681-689.

[156] Zhu X，Shi Y，Cai N. High-pressure carbon dioxide adsorption kinetics of potassium-modified hydrotalcite at elevated temperature[J]. Fuel，2017，207：579-590.

[157] Hao P，Shi Y，Li S，et al. Oxygen sorption/desorption kinetics of $SrCo_{0.8}Fe_{0.2}O_3-\delta$ perovskite adsorbent for high temperature air separation[J].

Adsorption,2018,24(1): 65-71.

[158] Boon J,Coenen K,Van Dijk E,et al. Advances in Chemical Engineering[M]. Pittsburgh: Academic Press,2017: 1-96.

[159] Coenen K,Gallucci F,Hensen E,et al. CO_2 and H_2O chemisorption mechanism on different potassium-promoted sorbents for SEWGS processes[J]. Journal of CO_2 Utilization,2018,25: 180-193.

[160] Lee J M,Min Y J,Lee K B,et al. Enhancement of CO_2 sorption uptake on hydrotalcite by impregnation with K_2CO_3 [J]. Langmuir, 2010, 26 (24): 18788-18797.

[161] Miguel C V,Trujillano R,Rives V,et al. High temperature CO_2 sorption with gallium-substituted and promoted hydrotalcites[J]. Separation and Purification Technology,2014,127: 202-211.

[162] Fagerlund J,Highfield J,Zevenhoven R. Kinetics studies on wet and dry gas-solid carbonation of MgO and $Mg(OH)_2$ for CO_2 sequestration [J]. Rsc Advances,2012,2(27): 10380-10393.

[163] Yang J I,Kim J N. Hydrotakites for adsorption of CO_2 at high temperature[J]. Korean Journal of Chemical Engineering,2006,23(1): 77-80.

[164] Lee C H,Kwon H J,Lee H C,et al. Effect of pH-controlled synthesis on the physical properties and intermediate-temperature CO_2 sorption behaviors of K-Mg double salt-based sorbents[J]. Chemical Engineering Journal,2016,294: 439-446.

[165] Gao W L,Zhou T T,Gao Y S,et al. Molten salts-modified MgO-based adsorbents for intermediate-temperature CO_2 capture: A review[J]. Journal of Energy Chemistry,2017,26(5): 830-838.

[166] Duan Y H,Zhang K L,Li X H S,et al. Ab initio thermodynamic study of the CO_2 capture properties of M_2CO_3 (M = Na, K)- and $CaCO_3$-promoted MgO sorbents towards forming double salts[J]. Aerosol and Air Quality Research, 2014,14(2): 470-479.

[167] Busca G,Lorenzelli V. Infrared spectrosopic identification of species arising from reactive adsorption of carbon oxides on metal-oxide surfaces [J]. Materials Chemistry,1982,7(1): 89-126.

[168] Wang Q,Tay H H,Zhong Z Y,et al. Synthesis of high-temperature CO_2 adsorbents from organo-layered double hydroxides with markedly improved CO_2 capture capacity[J]. Energy & Environmental Science,2012,5(6): 7526-7530.

[169] Qin Q Q,Wang J Y,Zhou T T,et al. Impact of organic interlayer anions on the CO_2 adsorption performance of Mg-Al layered double hydroxides derived mixed oxides[J]. Journal of Energy Chemistry,2017,26(3): 346-353.

[170] Wang Q,O'hare D. Recent advances in the synthesis and application of layered double hydroxide (LDH) nanosheets [J]. Chemical Reviews, 2012, 112 (7):

4124-4155.

[171] Wang Q, O'hare D. Large-scale synthesis of highly dispersed layered double hydroxide powders containing delaminated single layer nanosheets[J]. Chemical Communications,2013,49(56): 6301-6303.

[172] Garcia-Gallastegui A, Iruretagoyena D, Gouvea V, et al. Graphene oxide as support for layered double hydroxides: Enhancing the CO$_2$ adsorption capacity [J]. Chemistry of Materials,2012,24(23): 4531-4539.

[173] Chen C P, Yang M S, Wang Q, et al. Synthesis and characterisation of aqueous miscible organic-layered double hydroxides[J]. Journal of Materials Chemistry A,2014,2(36): 15102-15110.

[174] Chen C P, Byles C F H, Buffet J C, et al. Core-shell zeolite@ aqueous miscible organic-layered double hydroxides[J]. Chemical Science,2016,7(2): 1457-1461.

[175] Chen C P, Wangriya A, Buffet J C, et al. Tuneable ultra high specific surface area Mg/Al-CO$_3$ layered double hydroxides[J]. Dalton Transactions,2015,44(37): 16392-16398.

[176] Lwin Y, Abdullah F. High temperature adsorption of carbon dioxide on Cu-Al hydrotalcite-derived mixed oxides: kinetics and equilibria by thermogravimetry [J]. Journal of Thermal Analysis and Calorimetry,2009,97(3): 885-889.

[177] Law C K. Combustion Physics [M]. Cambridge: Cambridge University Press,2010.

[178] Wang X, Yu J, Cheng J, et al. High-temperature adsorption of carbon dioxide on mixed oxides derived from hydrotalcite-like compounds [J]. Environmental Science & Technology,2008,42(2): 614-618.

[179] Halabi M H, De Croon M H J M, Van Der Schaaf J, et al. High capacity potassium-promoted hydrotalcite for CO$_2$ capture in H$_2$ production [J]. International Journal of Hydrogen Energy,2012,37(5): 4516-4525.

[180] Yang Y, Shi Y, Li S, et al. Experimental characterization and mechanistic simulation of CO$_2$ adsorption/desorption processes for potassium promoted hydrotalcites sorbent[J]. Energy Procedia,2014,63: 2359-2366.

[181] Xiu G H, Li P, Rodrigues A E. Sorption-enhanced reaction process with reactive regeneration[J]. Chemical Engineering Science,2002,57(18): 3893-3908.

[182] Xiu G H, Li P, Rodrigues A E. New generalized strategy for improving sorption-enhanced reaction process[J]. Chemical Engineering Science, 2003, 58(15): 3425-3437.

[183] Bhatta L K G, Subramanyam S, Chengala M D, et al. Enhancement in CO$_2$ adsorption on hydrotalcite-based material by novel carbon support combined with K$_2$CO$_3$ impregnation[J]. Industrial & Engineering Chemistry Research, 2015,54(43): 10876-10884.

[184] Hla S S,Park D,Duffy G J,et al. Kinetics of high-temperature water-gas shift reaction over two iron-based commercial catalysts using simulated coal-derived syngases[J]. Chemical Engineering Journal,2009,146(1): 148-154.

[185] Van Selow E,Cobden P, Verbraeken P, et al. Carbon capture by sorption-enhanced water-gas shift reaction process using hydrotalcite-based material[J]. Industrial & Engineering Chemistry Research,2009,48(9): 4184-4193.

[186] Newsome D S. The water-gas shift reaction[J]. Catalysis Reviews-Science and Engineering,1980,21(2): 275-318.

[187] Kee R J,Coltrin M E, Glarborg P. Chemically Reacting Flow: Theory and Practice[M]. New Jersey: John Wiley & Sons,2005.

[188] Chien S H,Clayton W R. Application of elovich equation to the kinetics of phosphate release and sorption in soils[J]. Soil Science Society of America Journal,1980,44(2): 265-268.

[189] Meis N N a H,Bitter J H, De Jong K P. On the influence and role of alkali metals on supported and unsupported activated hydrotalcites for CO_2 sorption [J]. Industrial & Engineering Chemistry Research,2010,49(17): 8086-8093.

[190] Zhu X,Shi Y, Cai N. Investigation on the trace amount of released CO in sorption enhanced water gas shift reaction applied in pre-combustion CO_2 capture and high purity H_2 production [J]. Energy Procedia, 2017, 114: 2525-2536.

[191] Sereno C, Rodrigues A. Can steady-state momentum equations be used in modelling pressurization of adsorption beds[J]. Gas Separation & Purification, 1993,7(3): 167-174.

[192] Wakao N,Funazkri T. Effect of fluid dispersion coefficients on particle-to-fluid mass-transfer coefficients in packed beds: correlation of Sherwood numbers[J]. Chemical Engineering Science,1978,33(10): 1375-1384.

[193] Wakao N,Kaguei S, Nagai H. Effective diffusion-coefficients for fluid species reacting with first-order kinetics in packed-bed reactors and discussion on evaluation of catalyst effectiveness factors[J]. Chemical Engineering Science, 1978,33(2): 183-187.

[194] Yang S I,Choi D Y,Jang S C,et al. Hydrogen separation by multi-bed pressure swing adsorption of synthesis gas[J]. Adsorption-Journal of the International Adsorption Society,2008,14(4-5): 583-590.

[195] Zhou L,Lu C Z,Bian S J,et al. Pure hydrogen from the dry gas of refineries via a novel pressure swing adsorption process [J]. Industrial & Engineering Chemistry Research,2002,41(21): 5290-5297.

[196] Casas N,Schell J,Joss L,et al. A parametric study of a PSA process for pre-combustion CO_2 capture[J]. Separation and Purification Technology,2013,104:

183-192.

[197] Ahn S, You Y W, Lee D G, et al. Layered two- and four-bed PSA processes for H$_2$ recovery from coal gas[J]. Chemical Engineering Science, 2012, 68 (1): 413-423.

[198] You Y W, Lee D G, Yoon K Y, et al. H$_2$ PSA purifier for CO removal from hydrogen mixtures[J]. International Journal of Hydrogen Energy, 2012, 37(23): 18175-18186.

[199] Rahimpour M R, Ghaemi M, Jokar S M, et al. The enhancement of hydrogen recovery in PSA unit of domestic petrochemical plant[J]. Chemical Engineering Journal, 2013, 226: 444-459.

[200] Moon D K, Park Y, Oh H T, et al. Performance analysis of an eight-layered bed PSA process for H$_2$ recovery from IGCC with pre-combustion carbon capture [J]. Energy Conversion and Management, 2018, 156: 202-214.

[201] Woods M C, Capicotto P, Haslbeck J L, et al. Cost and performance baseline for fossil energy plants. Volume 1: Bituminous coal and natural gas to electricity final report [R]. National Energy Technology Laboratory, Washington, DC, USA, 2007.

[202] Black J. Cost and performance baseline for fossil energy plants volume 1: bituminous coal and natural gas to electricity[R]. National Energy Technology Laboratory, Washington, DC, 2010.

[203] Shelton W. Analysis of integrated gasification fuel cell plant configurations[R]. National Energy Technology Laboratory, 2011.

[204] Field R P, Brasington R. Baseline flowsheet model for IGCC with carbon capture [J]. Industrial & Engineering Chemistry Research, 2011, 50(19): 11306-11312.

[205] Ameri M, Mohammadi R. Simulation of an atmospheric SOFC and gas turbine hybrid system using Aspen Plus software[J]. International Journal of Energy Research, 2013, 37(5): 412-425.

[206] Taufiq B N, Kikuchi Y, Ishimoto T, et al. Conceptual design of light integrated gasification fuel cell based on thermodynamic process simulation[J]. Applied Energy, 2015, 147: 486-499.

[207] Welaya Y M A, Mosleh M, Ammar N R. Thermodynamic analysis of a combined solid oxide fuel cell with a steam turbine power plant for marine applications[J]. Brodogradnja, 2014, 65(1): 97-116.

[208] Gazzani M, Macchi E, Manzolini G. CAESAR: SEWGS integration into an IGCC plant[J]. Energy Procedia, 2011, 4: 1096-1103.

[209] Coenen K, Gallucci F, Hensen E, et al. Adsorption behavior and kinetics of H$_2$S on a potassium-promoted hydrotalcite[J]. International Journal of Hydrogen Energy, 2018, 43(45): 20758-20771.

附录 A 第 3 章补充图表

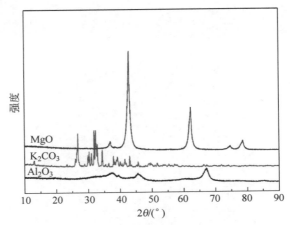

图 A. 1 Al$_2$O$_3$、K$_2$CO$_3$ 和 MgO 在 450℃ 煅烧后的 XRD 结果

图 A. 2 Al$_2$O$_3$、MG30、MG63、MG70 和 MgO 的 SEM 形貌与 K 元素分布（见文前彩图）

（a）Al$_2$O$_3$；（b）MG30；（c）MG63；（d）MG70；（e）MgO

(e)

图 A.2 （续）

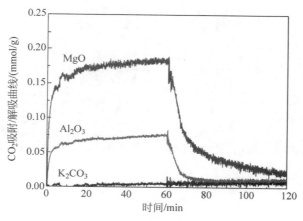

图 A.3　Al₂O₃、K₂CO₃ 和 MgO 在 400℃ 下的 CO₂ 吸附/解吸曲线

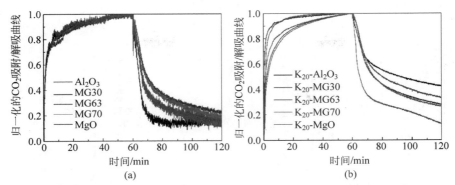

图 A.4　未浸渍的(a)和质量分数为 20% 的 K_2CO_3 浸渍的(b)样品在 400℃ 下的归一化 CO_2 吸附/解吸曲线(见文前彩图)

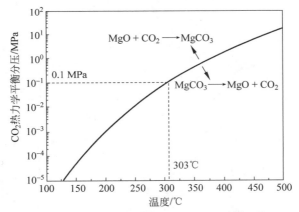

图 A.5　MgO 碳酸化反应的热力学平衡计算

数据来自 HSC Chemistry 6

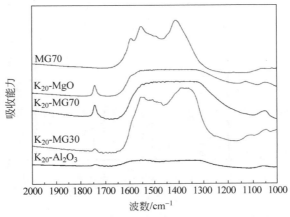

图 A.6　在 450℃ 下预处理后的样品的 IR 光谱

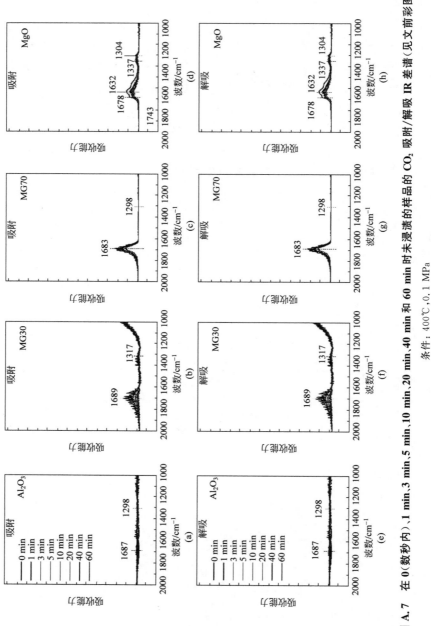

图 A.7　在 0(数秒内)、1 min、3 min、5 min、10 min、20 min、40 min 和 60 min 时未浸渍的样品的 CO₂ 吸附/解吸 IR 差谱(见文前彩图)

条件：400℃，0.1 MPa

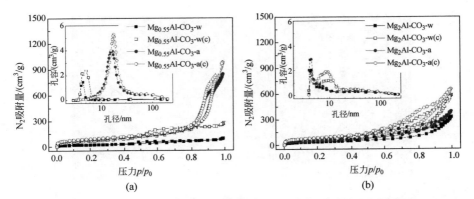

图 A.8 LDH 和 LDO 的 N₂ 等温吸附线和孔分布（插图中孔容以 dV/dlog(D)计）

（a）Mg/Al 值为 0.55；（b）Mg/Al 值为 2

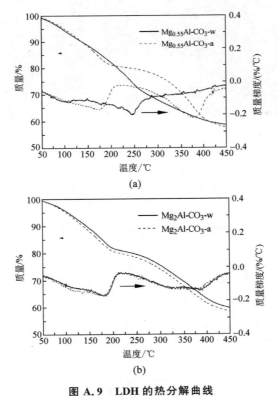

图 A.9 LDH 的热分解曲线

（a）Mg/Al 值为 0.55；（b）Mg/Al 值为 2

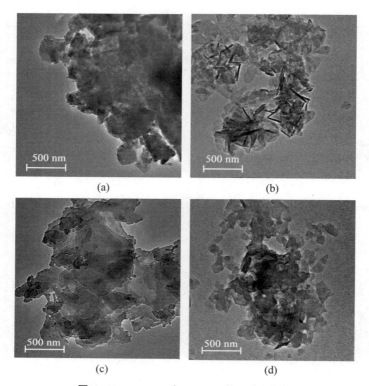

图 A. 10　K-LDH 和 K-LDO 的 TEM 结果

Mg/Al 值为 0. 55 和 2

（a）K-Mg$_{0.55}$Al-CO$_3$-w；（b）K-Mg$_2$Al-CO$_3$-w；（c）K-Mg$_{0.55}$Al-CO$_3$-a；（d）K-Mg$_2$Al-CO$_3$-a

表 A. 1　LDH 和 LDO 的平均孔径

样　　品	BET 平均孔径/nm		
	Mg$_{0.55}$Al-CO$_3$	Mg$_2$Al-CO$_3$	Mg$_3$Al-CO$_3$
LDH-Sasol	11. 3	19. 6	23. 4
C-LDH	7. 5	14. 8	22. 9
AMO-LDH	17. 5	12. 7	16. 2
LDO-Sasol	9. 4	18. 8	7. 2
C-LDO	6. 6	12. 3	14. 4
AMO-LDO	18. 6	12. 9	16. 3

注：Mg/Al 值为 0. 55，2 和 3。

附录 B   第 5 章补充图表

表 B.1   K-MG30 的 CO_2 动力学模型拟合参数

参数	低压模型[a]	高压模型[b]	参数	低压模型[a]	高压模型[b]
A_{1f}	$\dfrac{0.74SA}{q_{AS}\sqrt{2\pi M_g RT}}$	1.84×10^8	A_{3f}	3.73×10^2	
E_{1f}^0	4.90×10^4	4.89×10^4	E_{3f}	6.00×10^4	
α	7.00×10^4	3.69×10^5	A_{3b}	3.95	
c	1	3.854	E_{3b}	5.80×10^4	
A_{1b}	2.68×10^1	2.48×10^3 *	SA	2.10×10^4	
E_{1b}^0	6.00×10^4	1.54×10^5	q_{total}	4.704	
β	8.50×10^4	2.65×10^5	x_K	1.091	
A_{2f}	2.01×10^6		$q_{A,0}$	0	0
E_{2f}	1.00×10^5		$q_{B,0}$	0	
A_{2b}	4.54×10^3		$q_{C,0}$	1.8	
E_{2b}	6.50×10^4		q_{AS}	$0.79 \times (q_D + q_E)$	2

a. $0 \leqslant p_{CO_2} \leqslant 0.1$ MPa,$300℃ \leqslant p_{CO_2} \leqslant 450℃$；

b. $0 \leqslant p_{CO_2} \leqslant 2.0$ MPa,$300℃ \leqslant p_{CO_2} \leqslant 450℃$；

* 当吸附状态时该值为 0。

表 B.2   具有回流结构的两段 ET-PSA 物流计算结果

物　　流	流量 /(N・m³/h)	组分(摩尔分数)/%			
		CO_2	H_2	CO	H_2O
变换气	117.81	29	40	1	30
产品气♯1	91.31	2.19	51.81	0.172	45.82
产品气♯2	88.80	0.108	53.09	0.009	46.69
冲洗气♯1	19.64	0	0	0	1
冲洗气♯2	1.90	0	0	0	1
回流尾气	21.94	9.44	1.433	0.004	89.12
额外的清洗气♯1	13.40	0	0	0	1
清洗气♯1	35.34	5.86	0.89	0.002	93.25
清洗气♯2	18.26	0	0	0	1

注:工况 23,第二段 ET-PSA 吸附时间为 2400 s。

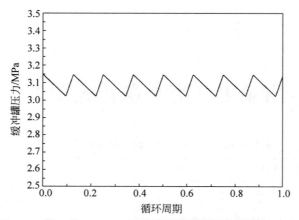

图 B.1　第一段 ET-PSA 中原料气缓冲罐压力变换（工况 1）

假设变换气压力为 3.15 MPa，缓冲罐体积是吸附管的 5 倍。缓冲罐的压力比第一段 ET-PSA 进气压力需求值（3 MPa）略高，且压力的变换控制在 0.12 MPa 以内

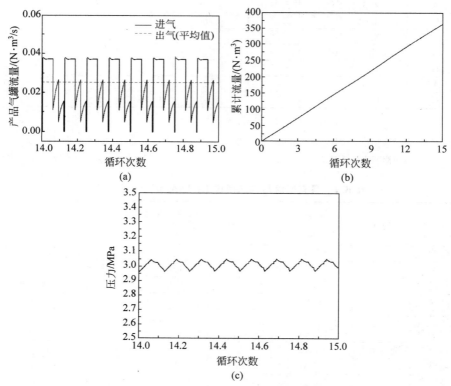

图 B.2　第一段 ET-PSA 产品气罐性能（工况 1）

（a）进气和出气流量；（b）进气累计流量；（c）产品气罐压力

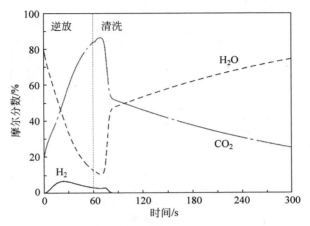

图 B. 3 第一段 ET-PSA 尾气组分(工况 6)

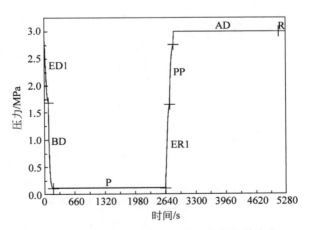

图 B. 4 2 塔 7 步 ET-PSA 中塔压随时间的变化

吸附时间为 2400 s;冲洗时间为 60 s;P/F 值为 0.05

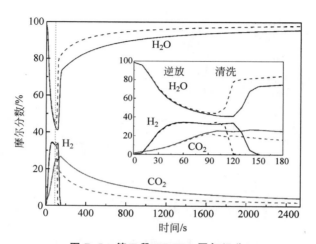

图 B.5　第二段 ET-PSA 尾气组分

实线代表工况 16,虚线代表工况 19

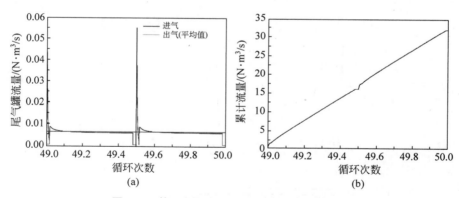

图 B.6　第二段 ET-PSA 尾气罐性能(工况 19)

(a) 进气和出气流量;(b) 进气累计流量;(c) 塔压

假设尾气罐为吸附塔体积的 5 倍。降低尾气罐压力变换和保证尾气罐连续运行的方法包括:①增加尾气罐体积;②只是用清洗气作为尾气,逆放气是引起尾气罐压力突增的主要原因,但是逆放气的总量只是尾气总量的 9.3%;③降低均压时间

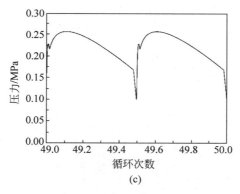

(c)

图 B.6　（续）

表 B.3　具有回流结构的两段 ET-PSA 物流计算结果

物　　流	流量 /(N·m³/h)	组分（摩尔分数）/%			
		CO₂	H₂	CO	H₂O
变换气	117.81	29	40	1	30
产品气♯1	91.42	2.28	51.76	0.179	45.77
产品气♯2	88.63	0.000 283	53.14	0.000 022	46.75
冲洗气♯1	19.64	0	0	0	1
冲洗气♯2	2.54	0	0	0	1
回流尾气	22.58	9.71	1.647	0.005	88.64
额外的清洗气♯1	12.76	0	0	0	1
清洗气♯1	35.34	6.20	1.05	0.003	92.74
清洗气♯2	18.28	0	0	0	1

注：工况 24，第二段 ET-PSA 吸附时间为 1800 s。

表 B.4　具有回流结构和先后清洗工艺的两段 ET-PSA 物流计算结果

物　　流	流量 /(N·m³/h)	组分（摩尔分数）/%			
		CO₂	H₂	CO	H₂O
变换气	117.81	29	40	1	30
产品气♯1	90.84	1.76	52.03	0.138	46.07
产品气♯2	88.67	0.000 236	53.10	0.000 018	46.80
冲洗气♯1	19.64	0	0	0	1
冲洗气♯2	1.75	0	0	0	1
回流尾气	21.45	7.91	1.377	0.003	90.71
蒸汽清洗气♯1	13.89	0	0	0	1
清洗气♯2	18.17	0	0	0	1

注：工况 25，第二段 ET-PSA 吸附时间为 2600 s。

表 B.5　用于制氢和燃烧前 CO₂ 捕集的 PSA 性能对比

工艺	T/℃	p_{feed}/MPa	原料气组分	R/F	P/F	HP/%	HRR/%	CCR*/%	参考文献
制氢 NT-PSA									
10 塔 11 步	21	2.07	77.1% H₂,22.5% CO₂,0.35% CO,0.013% CH₄			99.999	86.00		[132]
4 塔 8 步	30	0.7	16.6% CO₂,73.3% H₂,3.5% CH₄,2.9% CO,3.7% N₂			99.996	52.11		[135]
4 塔 9 步		0.8	72.2% H₂,4.17% CH₄,2.03% CO,21.6% CO₂			99.999	66.00		[194]
4 塔 8 步	30	0.7	16.6% CO₂,73.3% H₂,3.5% CH₄,2.9% CO,3.7% N₂			99.9992	62.60		[134]
10 步	50	0.5	73% H₂,23% CO₂,1.2% CO,2.1% CH₄,0.7% N₂			99.981	81.60		[137]
4 塔 8 步		0.8	38% H₂,50% CO₂,1% CH₄,1% CO,10% N₂			99.43	71.24		[197]
2 塔 6 步		0.65	99% H₂,0.1% CO,0.05% CO₂,0.85% N₂			99.99	80.00		[198]
4 塔 8 步	35	3.22	94.84% CO₂,4.86% CH₄,0.001% N₂,0.29% CO,0.001% C₂H₆,0.001% C₂H₄			99.99	80.00		[199]
12 塔 12 步	30	3.4	88.75% H₂,2.12% CO₂,2.66% CO,5.44% N₂,1.03% Ar			99.993	92.74		[138]
4 塔 8 步		3.5	88% H₂,3% CO,6% N₂,2% CO₂,1% Ar			99.97	79.00		[136]
8 塔 12 步		3.5	88.75% H₂,2.12% CO₂,2.66% CO,5.44% N₂,1.03% Ar			99.997	89.73		[200]

续表

工艺	T/°C	p_{feed}/MPa	原料气组分	R/F	P/F	HP/%	HRR/%	CCR*/%	参考文献
燃烧前 CO₂ 捕集 ET-PSA									
8塔11步	200	3.0	42.12% H₂,30.26% CO₂,0.82% CO,25.26% H₂O,0.5% Ar,0.56% N₂,0.47% H₂S		0.125	93.964	96.93	92.5	[32]
4塔8步	300	3.0	40 CO₂,60% H₂			89.634	90.50	84.3	[44]
SEWGS									
7塔10步	400	3.5	54.5% H₂,9.2% CO,17.6% CO₂,17.4% H₂O,0.3% CH₄,0.9% N₂	—	—	96.433	98.49	90	[40]
8塔11步			37% H₂,12% CO₂,4% CO,34% N₂,13% H₂O	0.24	—	94.364	98.00	85	[51]
8塔11步	400	2.8	2.6% CO,15.2% H₂O,11.7% CO₂,32.2% H₂,38.2%惰性气体	0.127	0.190	95.897	98.94	90	[127]
8塔11步	400	3.0	24% CO₂,6% CO,35% H₂,31% H₂O,4% N₂	0.12	0.375	96.342	96.34	95	[128]
6塔8步	400	2.36	32.6% H₂O,34.6% H₂,4.7% CO,23.8% CO₂,0.8% Ar	0.157	0.371	93.153	98.67	98	[129]
9塔11步			27.6% H₂O,3.6% H₂,7.1% CO,54.4% CO₂,6.5% N₂	0.018	0.049	76.801	94.52	99	[143]
8塔11步	400	2.7	3.46% CO₂,22.06% H₂,49.33% CO,18.17% H₂O,6.98% N₂	0.158	0.475	96.410	99.29	95	[141]
燃烧前 CO₂ 捕集 NT-PSA									
6塔10步	35	3.4	60% H₂,40% CO₂			93.660	95.54	90	[196]
7塔12步	64	3.88	53.5% H₂,37.9% CO₂,1.5% CO,0.06% CH₄,6.7% N₂,0.3% Ar,0.0001% H₂S,0.03% H₂O			94.849	88.40	90	[131]

* CO_2 捕集率。

附录 C IGFC 系统建模细节

空分(ASU)系统(见图 C.1)包含空气压缩机(AIR-COMP)、主冷箱(B3)、空气精馏分离塔(HP,LP)、O_2 压缩机(O2-COMP)和 N_2 压缩机(N2-COMP)。空气压缩机主要用于对空气增压,为精馏分离塔提供提馏动力;主冷箱主要利用精馏分离塔得到的低温产品:O_2 和 N_2,对精馏塔入口空气预冷;空气分离塔经过精馏的方法将空气分为 O_2 和 N_2,O_2 经增压后送入气化单元。部分 N_2 经过增压后送入 Selexol 单元,对于带有 ET-PSA 的 IGFC 系统则不需要 N_2 压缩机。物系采用 SRK 物性方法进行描述。

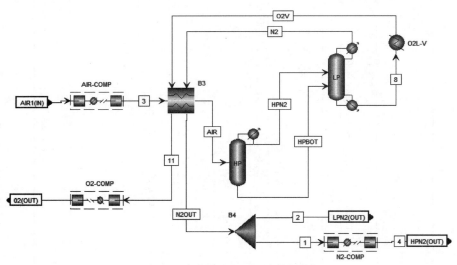

图 C.1 空分(ASU)系统的结构

空气进气量根据进入气化单元的 O_2 需求量确定。空气压缩机、O_2 压缩机和 N_2 压缩机采用 4 级间冷压缩机,间冷温度 40℃,每级压损 10 kPa。空气压缩机出口压力 1.31 MPa,等熵效率 92.6%,机械效率 98%;O_2 压缩机出口压力 3.48 MPa,等熵效率 92.6%,机械效率 98%;N_2 压缩机出口压力 3.2 MPa,等熵效率 94.6%,机械效率 98%。主冷箱保证出口空气温度达到饱和蒸汽温度。HP 采用 60 级精馏塔,冷凝器采用全凝器(Total),不设置再沸器,馏出/进料比为 0.4(摩尔比),塔顶压力 0.6 MPa,每级压损 0.35 kPa。LP 也采用 60 级精馏塔,冷凝器采用只有气相流出物的部分冷凝器(Partial-Vapor),再沸器采用釜式再沸器(Kettle),底部上升蒸气/液体产品比为 2(摩尔比),液体产品/进料比为 0.2(摩尔比),塔顶压力 0.21 MPa,每级压损 0.4 kPa。O_2 在流出 LP 后通过换热器 O2L-V 加热成饱和蒸汽。对于带有 Selexol 单元的 IGFC 系统,设定进入 N_2 压缩机的气体流量为5000 kmol/h。

　　气化炉模型(见图 C.2)包含热解(DECOMP1,DECOMP2)、燃烧(BURN1,BURN2)、辐射换热(COOL1)和除渣(CYCLONE1、CYCLONE2)等模块。煤加压进入气化炉单元后首先在热解模块热解为 H_2O、H_2、C、O_2、S、ASH 和 N_2,其中 78% 的煤进入第一段热解单元。产物组分使用Calculator 计算。热解产物、水和 O_2 一起进入燃烧模块,同时热解产生(或吸收)的热量传到燃烧模块。控制 O_2/给煤质量比为 0.68、水蒸气/给煤质量比为 0.33 和水煤浆中含水 37% 从控制第二段燃烧模块出口气体温度在999℃ 左右。燃烧模块出口合成气通过辐射换热降温到 316℃,并副产3.1 MPa 的蒸汽。通过调整蒸汽的流量使出口蒸汽的温度达到 534℃。合成气在 CYCLONE1 中排渣后出系统。物系采用 SRK 物性方法进行描述。

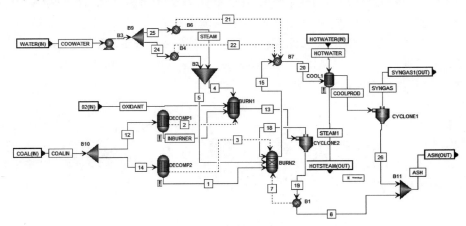

图 C.2　气化炉(COP)系统的结构

　　气化炉系统的热解使用 RYield 模块,压力 4.3 MPa,温度 500℃,指定产物为 H_2O、H_2、C、O_2、S、ASH 和 N_2。产物比例使用 Calculator 编程计算,程序如下:

```
DECOMP = LULT − 7
FACT = (100 − WATER)/100
H2O = WATER/100
ASH = ULT(DECOMP + 1) × FACT/100
CARB = ULT(DECOMP + 2) × FACT/100
HYDRGN = ULT(DECOMP + 3) × FACT/100
NITRGN = ULT(DECOMP + 4) × FACT/100
SULF = ULT(DECOMP + 6) × FACT/100
OXYGEN = ULT(DECOMP + 7) × FACT/100
```

其中，FACT 指将煤中含有的水分扣除后剩余的质量分数。

燃烧使用 RGibbs 模块，压力 4.3 MPa，指定产物为 H_2O、H_2、CO、CO_2、H_2S、N_2、NO_2 和 NO（为了建模方便假定煤中的 S 全部转化成 H_2S）。辐射换热器设定热物流出口温度为 316℃。除渣系统设定全部灰渣进入物流 ASH，压力不变。

为了将合成气中的 CO 转变成 CO_2 用于之后的 CO_2 捕集，设置两段式水气变换系统（见图 C.3）。模型主要包含高温（1ST-SHIF）和低温（2ST-SHIF）两个变换器。合成气进入变换系统后首先加水混合，通过控制补充水的流量使得进入变换器前合成气中 H_2O/CO 比例为（2±0.1）。加入的水（15℃）在经过增压后首先被 PEMFC 单元的尾气加热，之后被余热锅炉单元循环水再次加热，最终使高温变换温度维持在 400℃。高温反应器出口气体降温到 200℃后进入低温反应器。当对于带有 ET-PSA 的 IGFC 系统，合成气只需要经过高温水气变换，因此省去 COOLER 和 2ND-SHIF 单元。物系采用 RK-ASPEN 物性方法进行描述。

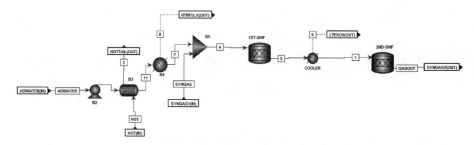

图 C.3　水气变换（SHIFT）系统的结构

水气变换系统的水泵 B2 的设置出口压力为 3.35 MPa，换热器 B3 设置热端物流出口温度为 110℃。换热器 B4 和 COOLER 设置压力不变，控制 B4 的换热量使高温变换温度保持在 400℃。COOLER 温度设置为

200℃。高低温变换反应器均使用 RStoic 模块,其中 HT 压力为 3.3 MPa, CO 转化率 83.8%;LT 压力为 3.2 MPa,CO 转化率 91%,两者均为绝热。

余热锅炉系统回收来自电站系统各子单元的余热,并用于产生高温高压蒸汽从推动蒸汽轮机发电。模型(见图 C.4)主要包含一系列的换热器、蒸汽轮机(ST)、冷凝器(CONDENSE)和水泵(B13)。循环水首先通过水泵增压到 3.1 MPa,随后和变换气换热,再进入气化单元和高温合成气换热,最终形成温度为 534℃的过热蒸汽。过热蒸汽推动蒸汽轮机做功降压到 0.12 MPa,之后在冷凝器中放热冷凝并回收。另一方面,变换气在进入余热锅炉单元后依次和 Selexol 富液、高温变换气、循环水、水气变换补充水等物流换热,最后降温到 35℃后出余热锅炉系统。对于带有 ET-PSA 的 IGFC 系统,循环水除用于蒸汽轮机发电外还需要提供 ET-PSA 单元的 Rinse 和 Purge 蒸汽。其中两种等级的蒸汽使用节流阀控制压力,物流的流量根据 R/F 值和 P/F 值进行调整。物系采用 SRK 物性方法进行描述。

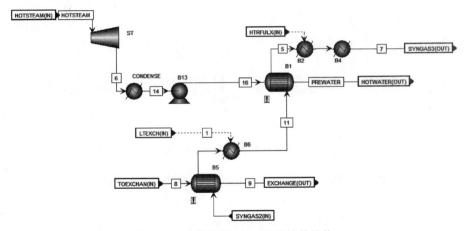

图 C.4　余热锅炉(HRSG)系统的结构

余热锅炉系统的蒸汽轮机设置出口压力为 0.12 MPa,等熵效率为 95%,机械效率为 95%。冷凝器设置压力不变,出口水为饱和水。水泵设置出口压力为 3.1 MPa,效率 95%。换热器 B5 设置热端物流出口温度 160℃,换热器 B1 设置热端出口-冷端进口物流温差 10℃。换热器 B4 设置压力不变,出口温度 35℃。

酸气脱除 Selexol 系统采用两步脱除法,模型(见图 C.5)主要包括脱硫塔(DESULFUR)、脱碳塔(DECARBON)、气提塔(STRIPPER)、解吸塔

（DESORB）和一系列闪蒸罐（HPFLASH、MPFLASH，LPFLASH）。合成气进入 Selexol 系统后除水，与 Selexol 半贫液混合脱硫。脱硫后的合成气再进入脱碳塔，与经过处理后的 Selexol 贫液混合脱碳，之后出酸气脱除系统。Selexol 吸收剂方面，试剂假定为 100％的四乙二醇二甲醚（C$_{10}$H$_{22}$O$_5$）。半贫液进入脱硫塔，之后吸收了 H$_2$S 的富液经过换热器 B2 升温后进入气提塔和解吸塔再生，再生后的贫液经过冷凝和压缩后进入脱碳塔吸收 CO$_2$ 形成富液。富液再在闪蒸罐中降压闪蒸，释放出 CO$_2$。闪蒸后的吸收剂加压后循环。物系采用 ELECNRTL 物性方法进行描述。

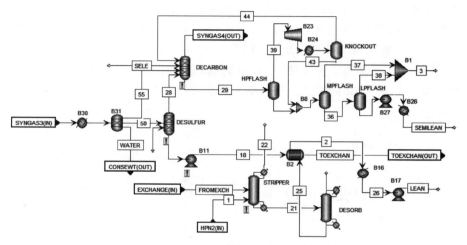

图 C.5　两步法酸气脱除（SELEXOL）系统的结构

　　细节上，脱硫塔和脱碳塔均使用 RadFrac 模块，设置脱硫塔 12 级，脱碳塔 8 级，每级压降 9 kPa。换热器 B2 设置冷端物流出口温度 100℃。气提塔使用 RadFrac 模块，设置 12 级。解吸塔设置出口物流 25 中包含入口物流除 Selexol 外的全部组分。闪蒸罐 HPFLASH、MPFLASH、LPFLASH 分别设置出口压力为 2.0 MPa、1.1 MPa 和 0.15 MPa，并绝热。贫液泵 B27 设置出口压力为 3.4 MPa，效率为 80％。

　　ET-PSA 系统（见图 C.6）主要包含反应器（B4）、分离单元（B1）、冷凝器（B7、B9）和气液分离罐（B8、B10）。有关 ET-PSA 的具体原理和组成已经在第 5 章中进行了详细的描述，为了在 Aspen 模块中实现相同的分离效果，根据第 5 章模型计算得到的 H$_2$ 纯度和回收率来控制出口各物流中的组分。另外，在 ET-PSA 中还存在将残余 CO 转化成 CO$_2$ 和 H$_2$ 的过程。

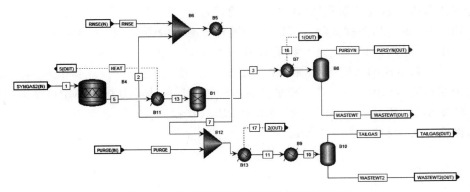

图 C.6　中温变压吸附(ET-PSA)系统的结构

为了描述这一过程设置了反应器 B4 单元。经过分离后的产品气和尾气降温并在气液分离罐中除水,同时回收热量用于余热锅炉系统循环水的预热。物系采用 SRK 物性方法进行描述。

ET-PSA 系统的 B4 设置压力为 3 MPa,绝热,CO 转化率为 100%。预热器 B5 和 B11 设置出口气体温度为 400℃。分离单元 B1 使用 Sep 模块,出口组分根据实际 H_2 纯度和回收率定义。冷凝器 B7 和 B9 设置出口气体温度为 35℃,B13 设置出口气体温度为 120℃。气液分离罐 B8 和 B10 使用 Flash2 模块,设置无压降,绝热。

PEMFC 系统(见图 C.7)主要包含燃烧室(B1、B7)、换热器(B5、B8、B9)、膨胀机(B10)和燃料电池(PEMFC)。经过净化后的高纯 H_2 在进入燃料电池系统后首先被加热并在膨胀机中膨胀做功,热量通过燃烧部分 H_2

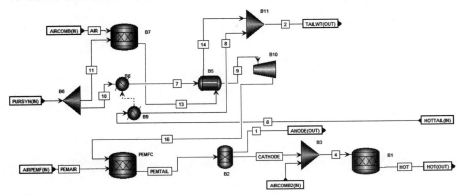

图 C.7　燃料电池(PEMFC)系统的结构

放热获得。通过控制进入 B7 的 H₂ 的流量来使得膨胀机出口气体符合 PEMFC 的进口条件。随后,H₂ 进入燃料电池单元发电,通过燃烧阴极尾气中含有的 H₂ 回收热量。物系采用 SRK 物性方法进行描述。

　　燃料电池的燃烧室 B1 和 B7 采用 RStoic 模块,绝热。换热器 B5 设置冷端物流出口温度 450℃。膨胀机 B10 设置出口气体压力 0.12 MPa,等熵效率 95%,机械效率 95%。燃料电池 PEMFC 设置 H₂ 转化率 90%,反应温度 60℃,反应压力 0.1 MPa。

在学期间发表的学术论文与研究成果

发表的学术论文

[1] **Zhu Xuancan**, Wang Qiang, Shi Yixiang, Cai Ningsheng. Layered double oxide/activated carbon-based composite adsorbent for elevated temperature H_2/CO_2 separation[J]. International Journal of Hydrogen Energy, 2015, 40(30): 9244-9253. (SCI 收录, 检索号: 000358811000025, 影响因子 4.229; EI 收录, 检索号: 20152300925695)

[2] **Zhu Xuancan**, Shi Yixiang, Cai Ningsheng. Integrated gasification combined cycle with carbon dioxide capture by elevated temperature pressure swing adsorption [J]. Applied Energy, 2016, 176: 196-208. (SCI 收录, 检索号: 000378969500018, 影响因子 7.900; EI 收录, 检索号: 20162102411251)

[3] **Zhu Xuancan**, Shi Yixiang, Cai Ningsheng. Characterization on trace carbon monoxide leakage in high purity hydrogen in sorption enhanced water gas shifting process[J]. International Journal of Hydrogen Energy, 2016, 41(40): 18050-18061. (SCI 收录, 检索号: 000384852200030, 影响因子 4.229; EI 收录, 检索号: 20164402962732)

[4] **Zhu Xuancan**, Shi Yixiang, Cai Ningsheng. CO_2 residual concentration of potassium-promoted hydrotalcite for deep CO/CO_2 purification in H_2-rich gas[J]. Journal of Energy Chemistry, 2017, 26(5): 956-964. (SCI 收录, 检索号: 000415598900016, 影响因子 3.886; EI 收录, 检索号: 20172803930423)

[5] **Zhu Xuancan**, Shi Yixiang, Cai Ningsheng. High-pressure carbon dioxide adsorption kinetics of potassium-modified hydrotalcite at elevated temperature[J]. Fuel, 2017, 207: 579-590. (SCI 收录, 检索号: 000405809300058, 影响因子 4.908; EI 收录, 检索号: 20172803901080)

[6] **Zhu Xuancan**, Shi Yixiang, Li Shuang, Cai Ningsheng. Elevated temperature pressure swing adsorption process for reactive separation of CO/CO_2 in H_2-rich gas[J]. International Journal of Hydrogen Energy, 2018, 43(29): 13305-13317. (SCI 收录, 检索号: 000439402900034, 影响因子 4.229; EI 收录, 检索号: 20182205253322)

[7] **Zhu Xuancan**, Shi Yixiang, Li Shuang, Cai Ningsheng. Two-train elevated-temperature pressure swing adsorption for high-purity hydrogen production[J].

Applied Energy,2018,229：1061-1071.（SCI 收录,检索号：000449891500082,影响因子 7.900；EI 收录,检索号：20183405732912）

[8] **Zhu Xuancan**, Chen Chunping, Suo Hongri, Wang Qiang, Shi Yixiang, O'Hare Dermot, Cai Ningsheng. Synthesis of elevated temperature CO_2 adsorbents from aqueous miscible organic-layered double hydroxides[J]. Energy, 2019, 167：960-969.（SCI 收录,检索号：000456351800079,影响因子 4.968；EI 收录,检索号：20190106333492）

[9] **Zhu Xuancan**, Chen Chunping, Wang Qiang, Shi Yixiang, O'Hare Dermot, Cai Ningsheng. Roles for K_2CO_3 doping on elevated temperature CO_2 adsorption of potassium promoted layered double oxides[J]. Chemical Engineering Journal, 2019, 366：181-191.（SCI 收录,检索号：000459903100020,影响因子 6.735；EI 收录,检索号：20190806518170）

[10] **Zhu Xuancan**, Shi Yixiang, Li Shuang, Cai Ningsheng. Techno-economic evaluation of an elevated temperature pressure swing adsorption process in a 540 MW IGCC power plant with CO_2 capture[J]. Energy Procedia, 2014, 63：2016-2022.（EI 收录,检索号：20150800543511）

[11] 朱炫灿,史翊翔,蔡宁生.改性活性炭中温 CO_2 吸附特性的实验研究[C].中国工程热物理学会 2014 年学术会议,西安,2014.

[12] 朱炫灿,史翊翔,蔡宁生.合成气微量 CO 深度净化新方法实验研究[J].工程热物理学报,2017,38(2)：421-427.（CSCD 收录,检索号：5913564）

[13] **Zhu Xuancan**, Shi Yixiang, Cai Ningsheng. Investigation on the trace amount of released CO in sorption enhanced water gas shift reaction applied in pre-combustion CO_2 capture and high purity H_2 production[J]. Energy Procedia, 2017, 114：2525-2536.（EI 收录,检索号：20173904197760）

[14] 李爽,史翊翔,杨懿,**朱炫灿**,蔡宁生.钾修饰水滑石吸附剂脱碳性能及颗粒强度实验研究[J].工程热物理学报,2015,36(7)：1606-1610.（CSCD 收录,检索号：5465641）

[15] 许凯,史翊翔,湛志钢,徐齐胜,**朱炫灿**,李爽.钾修饰镁铝复合金属氧化物脱除二氧化碳实验研究[J].中国电机工程学报,2016,36(23)：6454-6459.（CSCD 收录,检索号：5872934）

[16] Hao Peixuan, Shi Yixiang, Li Shuang, **Zhu Xuancan**, Cai Ningsheng. Correlations between adsorbent characteristics and the performance of pressure swing adsorption separation process[J]. Fuel, 2018, 230：9-17.（SCI 收录,检索号：000434016900002,影响因子 4.908；EI 收录,检索号：20182005196925）

[17] Hao Peixuan, Shi Yixiang, Li Shuang, **Zhu Xuancan**, Cai Ningsheng. Adsorbent characteristic regulation and performance optimization for pressure swing adsorption via temperature elevation[J]. Energy & Fuels, 2018, 33(3)：1767-1773.（SCI 收录,影响因子 3.024；EI 收录）

［18］ Chen Yanbo，Shi Yixiang，**Zhu Xuancan**，Cai Ningsheng. Impedance characterization of elevated temperature carbon dioxide adsorption process on potassium-modified hydrotalcite［J］. Separation and Purification Technology，2019，212：670-675.（SCI 收录，检索号：000457814700075，影响因子 3. 927；EI 收录，检索号：20184806160734）

专著章节

［1］ **Zhu Xuancan**，Shi Yixiang，Li Shuang，Cai Ningsheng，J Edward. Anthony. System and processes of pre-combustion carbon dioxide capture and separation［M］//Pre-combustion Carbon Dioxide Capture Materials. Cambridge：The Royal Society of Chemistry，2018：281-334.

专利

［1］ **朱炫灿**，史翊翔，蔡宁生. 一种浮体电解质液态储能电池单体结构：中国［P］. ZL201310177420. 2.
［2］ 蔡宁生，史翊翔，**朱炫灿**. 一种吸附剂真实高压吸附动力学测试装置及方法：中国［P］. CN2017100957740.

致　　谢

衷心感谢博士生学习期间导师蔡宁生教授对我在科研和生活上给予的指导和帮助。蔡老师严谨治学的态度和渊博的学识使我终身受益。感谢史翊翔副教授在科研的细微之处对我的指导,史老师灵活敏捷的思维方式使我受益良多。

感谢北京林业大学王强教授和我在牛津大学短期访学期间 Dermot O'Hare 教授在水滑石合成和机理表征等方面对我的帮助,两位老师对我的悉心指导使我的科研能力得到了很大的提升。

感谢清华大学热能工程研究所李振山老师、常东武老师、杨锐明老师、孙新玉师傅和田伟嘉师傅以及其他老师给予我的帮助。

感谢课题组李爽、杨懿、郑妍、郝培璇、刘质明等同学的帮助和支持。感谢北京林业大学高婉琳同学对本论文的校核。

感谢家人的付出和女朋友解汶汶的陪伴。

本研究得到了国家高技术研究发展计划(2011AA050601)、山西省科技重大专项(MH2015-06)、东芝国际合作项目和广东电网横向项目的资助,特此致谢。